环境中的新污染物
——精神活性物质

徐 建 郭昌胜 陈力可 等编著

Psychoactive Substances:
A Class of Emerging Contaminants
in the Environment

化学工业出版社
·北京·

内容简介

《环境中的新污染物——精神活性物质》以课题组多年研究成果为基础，主要介绍了精神活性物质的种类、来源、危害和分析检测方法，详细介绍了环境中精神活性物质的环境行为、降解过程和处理技术，以及环境中精神活性物质的生态风险，并简要介绍了污水流行病学在精神活性物质滥用调查中的应用。

《环境中的新污染物——精神活性物质》既是一本学术著作，也可作为化学品管理、环境科学与工程、生态环境保护等相关专业科研教学的参考书。

图书在版编目（CIP）数据

环境中的新污染物：精神活性物质/徐建等编著. —北京：化学工业出版社，2021.5（2022.5重印）
ISBN 978-7-122-38656-4

Ⅰ.①环⋯　Ⅱ.①徐⋯　Ⅲ.①环境污染-污染防治-研究　Ⅳ.①X5

中国版本图书馆CIP数据核字（2021）第040676号

责任编辑：满悦芝　　　　　　　　　　　　文字编辑：杨振美
责任校对：刘曦阳　　　　　　　　　　　　装帧设计：张　辉

出版发行：化学工业出版社（北京市东城区青年湖南街13号　邮政编码100011）
印　　装：天津盛通数码科技有限公司
710mm×1000mm　1/16　印张10½　字数184千字　2022年5月北京第1版第2次印刷

购书咨询：010-64518888　　　　　　　售后服务：010-64518899
网　　址：http://www.cip.com.cn
凡购买本书，如有缺损质量问题，本社销售中心负责调换。

定　　价：69.80元　　　　　　　　　　　　　　　版权所有　违者必究

《环境中的新污染物——精神活性物质》编委会

主 任：徐 建　郭昌胜　陈力可

委 员：徐 建　郭昌胜　陈力可
　　　　殷行行　张 艳　谷得明
　　　　胡 鹏　罗 莹　邓洋慧
　　　　侯 嵩　吕佳佩　吴琳琳

前　言

精神活性物质是指一大类摄入人体后对中枢神经系统具有强烈兴奋作用或抑制作用，影响人类思维、情感、意志行为等心理过程的物质，被国际药物管制条约禁止用于非医疗用途。近年来，精神活性物质的制造和滥用已经是世界性问题。毒品是最主要的精神活性物质，包括传统毒品、新型毒品以及新精神活性物质。同时，精神活性物质也是一类新污染物，不仅威胁人体健康，由于其母体化合物及代谢物在环境中的释放，也给生态环境带来了巨大的环境负担和潜在的生态风险。虽然环境中的精神活性物质浓度水平较低，但是其广泛存在于环境介质中，种类繁多、生物活性较强且具有生物富集性，缺乏相应的环境监管，人们对精神活性物质的环境释放、环境行为和生态效应等方面缺乏充分的了解，因此需要对环境中精神活性物质的来源、分析方法、环境行为和归趋、处理技术及其生态影响等进行全面的阐述和研究。

本书以课题组多年研究成果为基础，旨在通过内容的编撰和充实，对环境中精神活性物质进行较为全面、完整的阐述，为广大科研工作者和读者了解和研究精神活性物质提供参考和借鉴，为精神活性物质的环境管理和立法提供科学依据。

基于以上考虑，本书首先介绍了精神活性物质的概念、种类、来源和危害，然后介绍了精神活性物质在环境介质中的环境行为和归趋，接着总结了环境样品中典型精神活性物质的分析检测方法，并详细梳理和总结了水环境中精神活性物质的降解过程和处理技术，最后评价了环境中精神活性物质的潜在生态风险。此外，本书还专门辟章简要介绍了污水流行病学在精神活性物质滥用调查中的应用。

由于编著者水平有限，难免存在疏漏和欠妥之处，希望得到专家学者和各位读者的批评和指正，共同推进我国精神活性物质的研究，为我国生态环境保护和人民健康福祉作出更大贡献。

编著者

2021 年 3 月

缩写表

缩写	英文名称	中文名称
COC	cocaine	可卡因
BE	benzoylecgonine	苯甲酰芽子碱
KET	ketamine	氯胺酮
NK	norketamine	去甲氯胺酮
COD	codeine	可待因
MOR	morphine	吗啡
EDDP	2-ethylidene-1,5-dimethyl-3,3-diphenylpyrrolidine	2-亚乙基-1,5-二甲基-3,3-二苯基吡咯烷
MTD	methadone	美沙酮
HER	heroin	海洛因
FEN	fentanyl	芬太尼
EPH	ephedrine	麻黄碱
AMP	amphetamine	苯丙胺
METH	methamphetamine	甲基苯丙胺
MDA	3,4-methylenedioxyamphetamine	3,4-亚甲基二氧基苯丙胺
MDMA	3,4-methylenedioxymethamphetamine	3,4-亚甲基二氧基甲基苯丙胺
MC	methcathinone	甲卡西酮
MDPV	methylenedioxypyrovalerone	亚甲基二氧吡咯戊酮
THC	$\Delta 9$-tetrahydrocannabinol	$\Delta 9$-四氢大麻酚
THC—OH	11-hydroxy-$\Delta 9$-tetrahydrocannabinol	11-羟基-$\Delta 9$-四氢大麻酚
THC—COOH	11-nor-9-carboxy-$\Delta 9$-tetrahydrocannabinol	11-羧基-$\Delta 9$-四氢大麻酚酸
CAF	caffeine	咖啡因
TRA	tramadol	曲马多
HY	hydroxylimine	羟亚胺

目 录

第1章 精神活性物质概述 ··· 1

1.1 精神活性物质的定义和特点 ·· 1
    1.1.1 毒品的定义 ·· 2
    1.1.2 新精神活性物质的定义 ·· 3
    1.1.3 其他相关定义 ·· 3
    1.1.4 精神活性物质的特点 ·· 3
1.2 精神活性物质的种类 ··· 5
1.3 精神活性物质的危害 ··· 6
    1.3.1 对人体健康的影响 ·· 6
    1.3.2 对环境的影响 ·· 7
参考文献 ··· 7

第2章 环境中的精神活性物质 ··· 9

2.1 环境中精神活性物质的来源 ·· 9
2.2 环境介质中的精神活性物质 ··· 11
    2.2.1 水环境 ·· 11
    2.2.2 污水 ··· 24
    2.2.3 大气 ··· 28
    2.2.4 土壤 ··· 30
2.3 典型精神活性物质的环境行为 ··· 30
    2.3.1 人体内代谢和排泄 ·· 31

2.3.2	水环境	32
2.3.3	土壤	37
参考文献		38

第3章 精神活性物质的分析检测方法 … 43

3.1 样品的采集与前处理方法 … 43
- 3.1.1 液体样品 … 43
- 3.1.2 固体样品 … 55
- 3.1.3 生物样品 … 59

3.2 精神活性物质的仪器检测 … 60
- 3.2.1 色谱质谱检测方法 … 61
- 3.2.2 其他检测技术 … 63

参考文献 … 64

第4章 水处理过程中精神活性物质的去除 … 70

4.1 水处理技术概述 … 70
- 4.1.1 污水处理技术 … 70
- 4.1.2 饮用水处理技术 … 73
- 4.1.3 深度处理技术 … 73

4.2 水处理厂对精神活性物质的去除 … 75
- 4.2.1 污水中精神活性物质的去除 … 75
- 4.2.2 饮用水处理厂对精神活性物质的去除 … 83
- 4.2.3 深度水处理技术对精神活性物质的去除 … 85

4.3 高级氧化技术去除精神活性物质 … 86
- 4.3.1 高级氧化技术概述 … 87
- 4.3.2 Fenton法氧化去除精神活性物质 … 94
- 4.3.3 紫外/过硫酸盐法去除精神活性物质 … 97
- 4.3.4 臭氧氧化技术去除精神活性物质 … 102
- 4.3.5 光催化氧化技术去除精神活性物质 … 102
- 4.3.6 其他高级氧化技术去除精神活性物质 … 114

4.4 小结 … 118

参考文献 ………………………………………………………………………… 118

第5章 精神活性物质的污水流行病学研究 ………………………………… **128**

5.1 污水流行病学概述 ………………………………………………………… 128
5.1.1 流行病学定义 ……………………………………………………… 128
5.1.2 污水流行病学定义 ………………………………………………… 128
5.1.3 污水流行病学调查方法概述 ……………………………………… 129
5.2 污水流行病学在精神活性物质监测中的应用 ………………………… 132
5.3 精神活性物质的污水流行病学展望 …………………………………… 135
参考文献 ………………………………………………………………………… 135

第6章 精神活性物质的生态风险评估 ……………………………………… **138**

6.1 生态风险评估概述 ………………………………………………………… 138
6.1.1 生态风险评估定义 ………………………………………………… 138
6.1.2 生态风险评估发展历程 …………………………………………… 139
6.1.3 生态风险评估种类 ………………………………………………… 141
6.2 生态风险评估过程 ………………………………………………………… 142
6.2.1 提出问题 …………………………………………………………… 142
6.2.2 分析问题 …………………………………………………………… 142
6.2.3 风险表征 …………………………………………………………… 144
6.2.4 不确定性分析 ……………………………………………………… 147
6.3 典型精神活性物质的生态风险评估 …………………………………… 148
6.3.1 国内外精神活性物质的生态风险评估 …………………………… 148
6.3.2 氯胺酮的水生态风险评估 ………………………………………… 150
参考文献 ………………………………………………………………………… 155

第1章 精神活性物质概述

联合国毒品和犯罪问题办公室（The United Nations Office on Drugs and Crime，UNODC）发布的《2017年世界毒品报告》（*World Drug Report 2017*）显示，2015年，全球大约有2.5亿人至少使用过一次毒品，其中2950万人存在吸毒成瘾等问题（UNODC，2017）。

人类消耗的精神活性物质的残留物（包括药物母体和代谢产物）可以通过城市下水道及污水处理系统最终进入人口稠密地区的地表水中，鉴于目前全球主要精神活性物质的生产与广泛使用，精神活性物质残留物已经成为人口稠密地区广泛存在的地表水污染物。由于这些残留物中大多数仍然具有药理活性，它们在水环境中的存在可能对水生生物、人体健康甚至整个生态系统存在潜在的影响。精神活性物质（包括毒品、非法药物、新精神活性物质等）是一类特别值得注意的物质，其中的非法药物被指定为国际药物管制条约禁止用于非医疗用途的药物，这类药物可能对使用者造成不可接受的上瘾风险。由于这些化学品的制造及使用的增加，全球人体健康风险日益增加，而且随着精神活性物质母体化合物、代谢物和前体化合物的持续释放，全球的环境负担有持续上升的风险。精神活性物质在环境中的污染已经引起了学者的广泛关注。

1.1 精神活性物质的定义和特点

精神活性物质（psychoactive substances）是指一大类摄入人体后对中枢神经系统具有强烈兴奋作用或抑制作用，影响人类思维、情感、意志行为等心理过程的物质。传统意义上的精神活性物质主要包括阿片类（opiates）、致幻剂（psychedelics）和大麻类（cannabinoids）药物。其中，毒品是最主要的精神活性物质，近些年来出现的许多新精神活性物质也属于精神活性物质的范畴（侯琳琳等，2017）。

国内的相关文献对精神活性物质进行了定义。李彭等（2015）提出："精神活性物质是一类化学物质，依据精神活性物质的药理特性，分为麻醉性镇痛剂、兴奋剂、致幻剂、中枢神经系统抑制剂等。"王燕婷等（2012）在文章中将精神活性物质定义为"精神活性物质是指可引起人类情绪、意识状态和行为改变的物质，包括麻醉药品、精神药品等违禁物质和尼古丁、酒精等非违禁物质"。景丽等（2008）提出"精神活性物质通常是指能够影响精神活动的物质，包括违禁物质如麻醉药品、精神药物及非违禁物质如烟草、酒精等"。偶尔或长期使用精神活性物质会导致药物成瘾。邱秀英等（2011）将精神活性物质定义为能够影响人的情绪、行为，改变人的意识状态，并有致依赖作用的一类化学物质。

根据精神活性物质的药理特性，将其分为七大类：①中枢神经系统抑制剂（depressants），能抑制中枢神经系统；②中枢神经系统兴奋剂（stimulants），能兴奋中枢神经系统；③大麻类（cannabinoids），大麻是世界上最古老、最有名的精神活性类物质，大麻类精神活性物质包括合成大麻和天然大麻；④致幻剂类（psychedelics），能改变意识状态或感知觉；⑤阿片类（opiates）精神活性物质，包括天然、人工合成或半合成的阿片药物；⑥挥发性溶剂类（solvents）；⑦烟草（tobacco）。

本书所指的精神活性物质包括《1961年麻醉品单一公约》《1971年精神药物公约》中所规定的毒品，《麻醉药品品种目录》和《精神药品品种目录》所列的麻醉药品和精神药品，以及联合国毒品和犯罪问题办公室2013年定义的新精神活性物质。

1.1.1　毒品的定义

1971年，联合国在《1971年精神药物公约》中将毒品定义为能引起成瘾性和依赖性，使中枢神经系统产生兴奋或抑郁，以致造成幻觉，或对动作机能、思想、行为、感觉、情绪之损害的天然、半合成、合成的物质。

在我国，按照2020年12月最新修订的《中华人民共和国刑法》第357条第一款规定，毒品是指鸦片、海洛因、甲基苯丙胺（冰毒）、吗啡、大麻、可卡因以及国家规定管制的其他能够使人形成瘾癖的麻醉药品和精神药品。2013年11月11日，公安部和国家食品药品监督管理总局联合发布的《麻醉药品品种目录》和《精神药品品种目录》中列明了121种麻醉药品和141种精神药品。毒品是被列入法律管制范畴的一类精神活性物质。毒品通常分为麻醉药品和精神药品两大类。

1.1.2 新精神活性物质的定义

2013年，联合国毒品和犯罪问题办公室发布的报告《新精神活性物质的挑战》中首次对新精神活性物质进行了定义，即在联合国国际公约《1961年麻醉品单一公约》和《1971年精神药物公约》的管制之外，但存在滥用可能，并会对公众健康造成危害的单一物质或混合物质（UNODC，2013）。

新精神活性物质（new psychoactive substances），又称"实验室毒品"或"策划药"，指为逃避执法打击而对列管毒品进行化学结构修饰所得到的毒品类似物，具有与管制毒品相似或更强的兴奋、致幻或麻醉效果。

近年来，新精神活性物质在全球范围内呈现迅速蔓延之势，国际社会对此愈发关注。据联合国毒品和犯罪问题办公室预测，新精神活性物质将成为全球流行的第三代毒品，并将强力冲击第一代毒品（以海洛因为代表的传统毒品）和第二代毒品（以冰毒为代表的合成毒品）。由于新精神活性物质更新换代极为迅速，且在标准物质的供应和标准检测方法的建立等方面都是空白，因此目前滥用新精神活性物质的整体情况尚不可知，但是滥用个案时有发现（UNODC，2013）。

1.1.3 其他相关定义

（1）违禁药物

违禁药物（illicit drugs），又称非法药物，是一大类对人类中枢神经系统具有强烈兴奋作用或抑制作用的化合物。传统意义上的违禁药物主要包括阿片类（opiates）、致幻剂类（psychedelics）和大麻类（cannabinoids）。传统毒品是最主要的违禁药物，近些年来出现的许多新型合成类违禁药物如甲基苯丙胺等，也属于毒品范畴。

（2）滥用药物

滥用药物（drugs of abuse）是一类非医用并被法律明令禁止使用的药物，近年来在世界各地的不同水环境中，包括污水、地表水、地下水甚至饮用水中均有检出，被视为一类新污染物（emerging contaminants），逐渐成为环境领域的研究热点之一。

1.1.4 精神活性物质的特点

（1）种类繁多且更新速度较快

精神活性物质是一个泛称，其自我更新速度异常迅猛，据2017年联合国毒品和犯罪问题办公室的报告显示，2009年至2016年期间，在106个国家和地区新发现了739种新精神活性物质（UNODC，2017）。

（2）易成瘾性

精神活性物质成瘾性极强。精神活性物质进入人体后可以直接作用于中枢神经，破坏神经元的平稳和稳定，如同激发了脑海里某一块安静的区域，在平静的水面上激起了涟漪。其成瘾性和慢性中毒特性主要表现在中枢神经在滥用时的兴奋和戒断后的抑制交替出现。

（3）隐蔽性强且滥用量大

传统的吸毒人数和毒品滥用量的估算主要通过社会流行病学调查进行，在人口普查、社会调查和访问的基础上进行统计分析（周子雷等，2019）。该方法能够粗略地反映毒品滥用的情况，但具有很大的局限性和不确定性（Damien et al.，2014）。首先，这种方法无法精确估算吸毒人口和违禁药物滥用量，因为调查得到的数据主要来自吸毒人员，而吸毒人员往往不愿意报告其吸毒的真实情况。其次，大型的社会流行病学调查通常集中在繁华的都市地区，不同区域之间调查结果的比较很难进行（Van Nuijs et al.，2011）。

（4）具有较强的极性和生物活性

精神活性物质对细胞具有损伤作用，可诱导细胞发生应激反应（张艳等，2017）。研究发现，在环境浓度（$0.004\mu mol/L$）水平下，甲基苯丙胺和氯胺酮的混合药物会显著延缓青鳉鱼的胚胎孵化进度，改变幼鱼的游泳行为（如最大速度和相对转向角）(Liao et al.，2015）。对斑马贻贝（*Dreissena polymorpha*）为期14天的毒性暴露研究表明，环境浓度的5种典型精神活性物质——可卡因、苯甲酰芽子碱、苯丙胺、亚甲基二氧基甲基苯丙胺（MDMA）和吗啡均可以造成生物体明显的DNA损伤和细胞凋亡（Parolini et al.，2016）。此外，可卡因能够使斑马鱼（*Danio renio*）体内细胞和组织产生突变，影响其视网膜（Darland et al.，2001）。吗啡能危害淡水贻贝（*Elliptio complanata*）的免疫系统，使其细胞酯酶活性下降、吞噬细胞数量减少、细胞粘附以及脂质过氧化（Gagne et al.，2006）。Lilius等（1994）利用离体生物测试研究新鲜分离的虹鳟鱼肝细胞及水蚤在50种化学物质作用下的毒性效应，发现苯丙胺（AMP）产生的毒性相对较高。Capaldo等（2012）将欧洲鳗鱼暴露在20ng/L可卡因中，发现可卡因对鳗鱼有明显的内分泌干扰作用，并认为可卡因污染可能是鳗鱼种群数量减少的原因之一。

（5）不易挥发且难以被生物降解

精神活性物质虽然不是持久性有机污染物，但是不易挥发且难以被生物降解的特性和自然环境自身演变规律决定了这些物质将在环境（尤其是水环境）中进行持续不断的长距离迁移扩散，并形成普遍性累积。尽管环境浓度较低，但是由于精神活性物质在被去除的同时也在源源不断地被引入环境中，因此"伪持久性"地存在于水、土壤甚至大气环境中，其环境归趋的不确定性对人类健康及生态系统形成了不可预测的潜在风险（Daughton et al.，2008）。

1.2 精神活性物质的种类

精神活性物质的种类很多，范围很广，分类方法也不尽相同。

① 根据精神活性物质的毒理学性质，可以将其分为四类：第一类是兴奋剂，以中枢兴奋作用为主，代表物质是苯丙胺类兴奋剂（amphetamine-type stimulants，ATS）；第二类是致幻剂，代表物质有氯胺酮（ketamine，KET）等；第三类兼具兴奋和致幻作用，代表物质有MDMA（俗称"摇头丸"）；第四类是一些以中枢抑制作用为主的物质。

② 从精神活性物质的来源看，可分为天然毒品、半合成毒品和合成毒品三大类。天然毒品是直接从毒品原植物中提取的毒品。半合成毒品是由天然毒品与化学物质合成而得的毒品。合成毒品是完全用有机合成的方法制造的毒品。

③ 从精神活性物质的自然属性看，可分为麻醉药品和精神药品。麻醉药品是指对中枢神经有麻醉作用，连续使用易产生生理依赖性的药品，如鸦片类。精神药品是指直接作用于中枢神经系统，使人兴奋或抑制，连续使用能产生依赖性的药品，如苯丙胺类。

④ 按照毒品的危害程度，可以分为"硬性"和"软性"精神活性物质。"硬性"精神活性物质是指服食后会出现幻象、有快感、会引起生理依赖（生理和心理双重上瘾）的一类，也就是服食后会上瘾的精神活性物质，如海洛因、可卡因等。"软性"精神活性物质指相对于"硬性"毒品而言毒性较小、但可致幻，大剂量服用仍能对大脑的神经造成伤害，且某些情况下能造成不可逆伤害的一类毒品。

⑤ 从精神活性物质流行的时间顺序看，可分为传统毒品、新型毒品和新精神活性物质。

传统毒品一般指流行较早的阿片类毒品，常见的传统毒品包括鸦片、海洛因等。

新型毒品是相对于传统毒品而言，主要指冰毒等人工化学合成的致幻剂、兴奋剂类毒品。新型毒品中、长期服用会出现营养不良、消化系统紊乱、体质下降，同时出现抑郁等其他严重精神疾病。

新精神活性物质是以单一化合物或其制剂形式存在的滥用药物，又称为"策划药"（designer drugs），这类物质不受《1961年麻醉品单一公约》或《1971年精神药物公约》的制约，但可能构成公共卫生威胁。新精神活性物质在市场上被称为"designer drugs""legal highs""herbal highs"。术语"designer drugs"传统上往往指人工合成的精神活性物质，现在主要指模仿非法药物效果，对受控非法药物的化学结构进行微调而产生的其他精神活性物质。联合国毒品和犯罪问题办公室2013年发布的报告《新精神活性物质的挑战》（The Challenge of New Psychoactive Substances），将目前市场中存在的新精神活性物质分为九大类物质，即合成大麻素类、合成卡西酮类、氯胺酮类、苯乙胺类、哌嗪类、植物性物质（阿拉伯茶、鼠尾草类）、氨基茚满类、苯环己哌啶类、色胺类（UNODC，2013）。

1.3　精神活性物质的危害

滥用精神活性物质所产生的影响包括短期和长期的影响，还有对社会和个人的影响。这些影响往往取决于精神活性物质的种类、服用方式和剂量、滥用者的健康状况以及其他因素。滥用精神活性物质在就业、社会关系和刑事司法等方面也会表现出更广泛的负面后果。

1.3.1　对人体健康的影响

精神活性物质会对滥用者的身心健康造成严重的损害。精神活性物质的急性健康影响包括从食欲、睡眠、心率、血压、情绪变化，到心脏病、中风、精神病发作甚至死亡。这些健康影响可能会在第一次使用精神活性物质后发生。

以新精神活性物质"浴盐"为例，临床证据表明，高剂量或长期使用会导致严重的内科并发症，包括精神病、高热、心动过速甚至死亡。而长期服用"摇头丸"则会引发心脏病（如室颤、心律失常、心肌缺血等），导致高热综合征、代谢性酸中毒、弥散性血管内凝血、急性肾功能衰竭，引起中毒性肝炎、肝功能衰竭，严重者可能猝死。

滥用精神活性物质还会损伤人类大脑。大脑是人身体中最复杂的器官，调节人类身体的基本功能，使人能够解读和回应所遇到的一切，塑造想法、情绪和行为。然而，精神活性物质直接作用于中枢神经系统，扰乱神经递质的正常传递，改变维持生命功能所必需的大脑区域，并可以驱使人产生以强迫性药物滥用为表现的成瘾行为。

大多数对精神活性物质的研究非常有限，没有对其毒性进行全面的科学研究，并且大多数研究都是基于动物毒性试验、人类致命中毒或中毒患者的临床观察。大多数精神活性物质几乎没有医疗史，其毒性风险与使用者的长期滥用密切相关，需要进一步系统的研究。

1.3.2 对环境的影响

精神活性物质作为一种新污染物，其对环境的影响最初并没有引起人们的重视，然而在过去的40余年中，随着科技的进步，污染调控、减缓、控制和预防的进展和有效性的提高，使得痕量化学污染物得到关注，众多新污染物进入人们的视野，精神活性物质就是其中的一种。

研究发现精神活性物质对人类具有强大的生物效应。相对于合法药物，我们对精神活性物质的生态毒理学知识还很少，关于精神活性物质对水生生物生态影响的研究比较有限，特别是在低浓度混合物暴露方面，关于水生生物系统中生物效应的潜力或生物群中精神活性物质的生物富集几乎没有可知的数据。从作用机制判断，精神活性物质大都具有极高的生物效应。随着全球范围内的各类精神活性物质不断进入环境，其对环境的污染带来巨大的不确定性，对生态系统产生了不可忽视的影响。

参考文献

侯琳琳，邓德华，李素娟，等，2017. 环境水体中违禁药物的分析方法 [J]. 环境化学，36（6）：1280-1287.

胡鹏，张艳，郭昌胜，等，2017. 水环境中滥用药物的环境学研究进展 [J]. 环境化学，36（8）：1711-1723.

景丽，梁建辉，2008. 精神活性物质对组蛋白乙酰化修饰的影响 [J]. 生理科学进展，39（3）：221-224.

李彭，贺剑锋，刘克林，等，2015. 精神活性物质检测技术的研究进展 [J]. 刑事技术，40（4）：305-311.

邱秀英，黄慈芬，曾美平，等，2011. 精神活性物质所致精神障碍患者的护理 [J]. 现代医院，11（9）：70-71.

王燕婷，梁建辉，2012. 精神活性物质对热休克蛋白70表达的影响 [J]. 生理科学进展，43（1）：66-70.

张艳，2017. 水环境中精神活性物质的分析方法及其应用研究 [D]. 北京：中国环境科学研究院.

周子雷, 杜鹏, 白雅, 等, 2019. 北京市生活污水中曲马多和芬太尼的赋存 [J]. 环境科学, 40 (7): 3242-3248.

Capaldo A, Gay F, Maddaloni M, et al., 2012. Presence of cocaine in the tissues of the European eel, *Anguilla anguilla*, exposed to environmental cocaine concentrations [J]. Water Air and Soil Pollution, 223 (5): 2137-2143.

Damien D A, Thomas N, Helene P, et al., 2014. First evaluation of illicit and licit drug consumption based on wastewater analysis in Fort de France urban area (Martinique, Caribbean), a transit area for drug smuggling [J]. Science of the Total Environment, 490: 970-978.

Darland T, Dowling J E, 2001. Behavioral screening for cocaine sensitivity in mutagenized zebrafish [J]. Proceedings of the National Academy of Sciences, 98 (20): 11691-11696.

Daughton C G, Ruhoy I S, 2008. The afterlife of drugs and the role of PharmEcovigilance [J]. Drug Safety, 31 (12): 1069-1082.

European Monitoring Centre for Drugs and Drug Addiction, 2020. Wastewater analysis and drugs: A European multi-city study [M]. Luxembourg: EMCDDA.

Gagne F, Blaise C, Fournier M, et al., 2006. Effects of selected pharmaceutical products on phagocytic activity in Elliptio complanata mussels [J]. Comparative Biochemistry and Physiology Part C: Toxicology and Pharmacology, 143 (2): 179-186.

Liao P H, Hwang C C, Chen T H, et al., 2015. Developmental exposures to waterborne abused drugs alter physiological function and larval locomotion in early life stages of medaka fish [J]. Aquatic Toxicology, 165: 84-92.

Lilius H, Isomaa B, Holmstrom T, 1994. A comparison of the toxicity of 50 reference chemicals to freshly isolated rainbow trout hepatocytes and Daphnia magna [J]. Aquatic Toxicology, 30 (1): 47-60.

Parolini M, Magni S, Castiglioni S, et al., 2016. Genotoxic effects induced by the exposure to an environmental mixture of illicit drugs to the zebra mussel [J]. Ecotoxicology and Environmental Safety, 132: 26-30.

United Nations Office on Drugs and Crime, 2013. The challenge of new psychoactive substances [R]. Vienna: UNODC.

United Nations Office on Drugs and Crime, 2017. World drug report 2017 [R]. Vienna: UNODC.

Van Nuijs A L N, Mougel J F, Tarcomnicu I, et al., 2011. A one year investigation of the occurrence of illicit drugs in wastewater from Brussels, Belgium [J]. Journal of Environmental Monitoring, 13 (4): 1008-1016.

第2章 环境中的精神活性物质

2.1 环境中精神活性物质的来源

环境中精神活性物质的来源和人类活动密切相关,精神活性物质和毒品的滥用是精神活性物质在环境中广泛分布的重要原因,已成为全球关注的问题。环境中精神活性物质污染的来源主要有工业废水、医院废水、城市污水处理厂出水以及犯罪分子为销毁证据故意倾倒或填埋等四个方面。

工业废水来源主要是指生产麻醉药等精神活性类药物的工业企业在药物生产过程中产生的污水。工业废水种类繁多,成分复杂,既包括生产废水,又包括生产车间产生的其他污水以及冷却水,工业生产过程中产生的废水或污水中含有部分工业生产用料、中间产物、副产品以及生产过程中产生的其他污染物。根据《麻醉药品和精神药品管理条例》,虽然国家对麻醉药品和精神药品的生产、管理、销售等活动均有严格的管制,但截止到目前,关于精神活性类药物的工业废水排放,国家尚缺乏相关的法律法规,各种精神活性类药物的环境质量标准和排放标准有待健全,这导致一些生产精神活性类药物的工业企业只采取现有的国家标准、地方标准和行业标准对工业废水中的常规污染物进行处理,而精神活性类药物利用常规处理方法去除率低,能经过污水处理设施直接排入环境或污水管网中。

医院废水是指医院产生的含有病原体、重金属、消毒剂、有机溶剂、酸、碱以及放射性污染物等的污水。医院产生废水的环节主要有诊疗室、化验室、病房、洗衣房、X光、同位素治疗诊断、手术室等,也包括医院行政管理和医务人员产生的生活污水。医院废水来源及成分复杂,含有病原性微生物、有毒有害的物理化学污染物和放射性污染物等,具有空间污染、急性传染和潜伏性传染等特征，若不经有效处理会成为病原体扩散的一条重要途径。随着医疗业的发展，麻醉药等一系列精神类药物被广泛用于医院临床和科研，如阿片类和苯丙胺类等常作为处方药用于镇痛和治疗精神类疾病。精神活性类药物是医院废水中最容易被忽视的一类污染物，其中部分用药会直接进入医院废水管道，经污水处理设施进入环境中，另一部分可能在病人口服和代谢后随尿液和粪便等排泄物直接进入环境中。

城市污水处理厂是污水净化的重要单元，同时也是各类污染物的储存库。从污染源排出的污水中污染物总量和浓度较高，污水厂进水基本达不到排放标准要求，对水环境质量和功能目标有严重影响，因此必须经过人工强化处理。城市污水处理厂一般分为城市集中污水处理厂和各污染源分散污水处理厂，污水经过处理后会直接排入水体或城市管道。有时为了回收循环利用废水资源，需要提高处理后出水水质，则需建设污水回用或循环利用处理厂。处理厂的工艺流程由各种常用的或特殊的水处理方法优化组合而成，包括各种物理法、化学法和生物法。以处理深度分类，污水处理厂分为一级、二级、三级或深度处理。精神活性物质进入人体后不能被完全吸收，很大一部分以母体化合物或代谢物形式经由尿液和粪便排出体外，然后进入污水处理厂，生活污水是精神活性物质最直接的载体。另外，污水处理厂的剩余污泥也是污染物重要的储存库，一些污水处理厂会配置相应的污泥处理及处置系统。污水处理厂对精神活性物质的去除率变化较大，现有的污水处理工艺无法对其进行有效去除，大量药物随着污水处理厂的出水进入地表水，可能造成地下水和饮用水的污染，进而危害人体健康。

精神活性物质除了随各类废水进入环境外，还有一类重要的来源，即一些犯罪分子为逃避监管和追捕，直接将制造的毒品和一些前驱体埋入地下，甚至直接将大量药物倒入附近河流，这对当地的生态环境和人群身体健康造成较大威胁。

精神活性物质的来源广泛，可能对环境造成很大危害，其污染途径较为多样。图2-1所示为水环境中精神活性物质的来源与迁移途径。

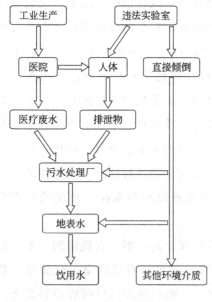

图2-1 水环境中精神活性物质来源与迁移途径

2.2 环境介质中的精神活性物质

2.2.1 水环境

2.2.1.1 地表水

精神活性物质经过人体新陈代谢，以药物母体化合物或代谢产物的形式经尿液和粪便排泄到体外，经下水道进入污水处理系统。有研究表明，经过污水处理厂（STPs）的净化作用，只有部分精神活性物质能被去除。其中，甲基苯丙胺（METH）和苯丙胺（AMP）几乎不能被生物降解，只能依靠物理吸附去除，其去除效率根据污水处理工艺的不同变化很大（Boles et al.，2010）；3,4-亚甲基二氧基甲基苯丙胺（MDMA）的去除率大约在44%~57%之间（Andres-Costa et al.，2014）；可卡因（COC）及其主要代谢产物苯甲酰牙子碱（BE）和吗啡（MOR）大部分都可以被去除，去除率分别在72%~100%、83%~100%和72%~98%之间（Kasprzyk-Hordern et al.，2009）；美沙酮（MTD）及其代谢产物乙二胺二甲基次磷酸（EDDP）几乎很难被去除，去除率仅为9%~22%和8%~27%（Subedi et al.，2014）；可卡因和大麻的主要代谢产物苯甲酰芽子碱（BE）和THC—COOH根据处理工艺不同去除率也不一样，去除率在12%~100%和11%~99%之间波动（Nefau et al.，2013）。

研究表明，有些药物在污水处理厂中的出水浓度反而高于进水浓度，呈现出"负去除率"现象。发生这种现象的主要原因是某些化合物在环境中主要以葡萄糖醛酸代谢物的形式存在，它们很容易与细菌产生的 β-葡萄糖醛酸苷酶结合使污染物浓度升高。研究人员 Castiglioni 等（2006）对污水中精神活性物质进行稳定性测试时，发现 3-β-D-葡萄糖醛酸转化成了吗啡（MOR）。尽管有些地表河流水量大、流速快，污水处理厂出水被稀释，很大程度上减弱了精神活性物质对水生生态系统的潜在影响，但在大多数水资源短缺的地区，水体的稀释作用非常有限，并且随着污水再生利用逐渐成为城市水资源补给的重要组成部分，一般水处理工艺无法去除的药物也会随污水处理厂的出水进入地表水中。

近年来，精神活性物质作为一类新污染物受到世界各地研究者的广泛关注，尤其是在地表水中被频繁检出，更是给全球敲响了警钟。国内外有很多学者调查了地表水中精神活性物质的污染状况，几乎世界各地的河流、湖泊、近岸海域等天然水体中都检测出了不同浓度的精神活性物质。通过对近年来的相关文献进行总结，表

2-1列举了精神活性物质在世界各主要国家地表水中的浓度水平，大多在皮克/升和纳克/升之间。如在西班牙的巴塞罗那，很多中小型的污水处理厂都将出水排入作为巴塞罗那饮用水水源地的加特河，调查结果显示，地表水中频繁检出阿片类和大麻类药物以及一些代谢物，样品中可待因（COD）、吗啡（MOR）、美沙酮（MTD）和11-羧基-Δ9-四氢大麻酚酸（THC—COOH）平均浓度达到60ng/L（Boleda et al.，2009）。研究人员在意大利境内波河中检测到COC、BE、MTD、MDMA和EDDP等，浓度在0.5～5.1ng/L之间（Zuccato et al.，2008）。研究人员采集了瑞士境内22个地表水水样，检测到BE、MOR、MTD和EDDP等的浓度在1.6～4.9ng/L之间（Berset et al.，2010）。Baker和Kasprzyk-Hordern在英国的一条接纳污水处理厂出水的河流中检出了AMP、KET及EPH等药物，浓度在几到几十纳克/升之间（Baker et al.，2014）。Mendoza等（2014）在西班牙马德里的地表水中检出了高浓度的EPH（30.6～1020.0ng/L），METH的检出浓度虽然较低（为16.6ng/L），但检出频率较高，达到57%以上。

我国是各种药物的生产和使用大国，环境中精神活性物质污染也比较严峻。然而，目前国内关于精神活性物质的污染现状和变化趋势尚不清楚，对于精神活性物质的研究也仅限于其在水环境中浓度水平的检测及环境风险的初步评价。Li等（2016）采集了我国4条主要河流和49个湖泊的水样，利用LC-MS/MS检测了地表水中12种精神活性物质及其代谢物的浓度，结果显示，METH和KET有较高的检出率，浓度范围分别为0～58ng/L和0～21ng/L，两种物质在珠江流域的检出率和浓度较高，其他药物的检出率和浓度普遍低于欧洲河流与湖泊，说明这两种精神活性物质在我国生产和滥用情况较为严重，尤其在南方部分城市。Yao等（2016）检测了上海黄浦江中10种精神活性物质，CAF的浓度较高，为2.69～730.7ng/L，其余药物的浓度水平相对较低。Wang等（2016）在36条汇入渤海和黄海的河流中检测出了高浓度的METH和KET，浓度分别为0.1～42.0ng/L和0.05～4.50ng/L。Jiang等（2015）在我国台湾西南部沿岸的海水中检测出了KET，浓度在0～23.3ng/L之间，检出率高达65%。

此外，水环境中精神活性物质的污染水平还与区域人口密度、经济发展以及重大的节假日和娱乐活动等存在着一定的相关性。Du等（2015）分季节（夏季和冬季）对北京市城区13家主要的污水处理厂进水样品进行分析，结果表明，夏季样品中METH的浓度高于冬季，其中5家污水处理厂的进水中METH的浓度明显较高（大于147.3ng/L±45.4ng/L）。台湾青年节期间，举办地附近地表水中MDMA（3,4-亚甲基二氧基甲基苯丙胺）的浓度从89.1ng/L剧增到940ng/L，咖啡因浓度从3733ng/L增加到13633ng/L（Jiang et al.，2015）。除地表水外，地下水

表 2-1 各主要国家地表水中主要精神活性物质的浓度水平

国家	调查对象	时间	主要精神活性物质的浓度/(ng/L)								
			METH浓度	AMP浓度	KET浓度	EPH浓度	CAF浓度	—	—	—	—
美国	卢普河,大蓝河,木河,密苏里河	2006年	METH浓度 <LOQ~350	AMP浓度 <LOQ	KET浓度 <LOQ	EPH浓度 <LOQ	CAF浓度 18.4~2455.8	—	—	—	—
英国	某河流	2011—2012年	METH浓度 <LOQ~0.3	AMP浓度 0.7~3.8	KET浓度 0.6~26.9	EPH浓度 0.6~26.9	—	—	—	—	—
英国	泰晤士河	2005年	COC浓度 <LOQ~6	BE浓度 4~17	MDA浓度 <LOQ~4	MDMA浓度 2~6	MOR浓度 <LOQ~42	—	—	—	—
意大利	波河	2006年	COC浓度 0.3~0.8	BE浓度 2.2~5.1	COD浓度 1.0~2.7	MDMA浓度 <LOQ~0.4	MTD浓度 0.2~0.8	EDDP浓度 0.6~1.9	—	—	—
意大利	亚诺河	2006年	COC浓度 0.3~2.9	BE浓度 8.1~37.2	COD浓度 4.7~8.8	MDA浓度 <LOQ~1.5	MDMA浓度 0.5~1.4	MOR浓度 1.3~4.7	—	—	—
西班牙	哈拉玛河,曼萨那雷斯河	2012—2013年	COC浓度 44.2~103.0	BE浓度 20.8~823.0	METH浓度 202~16.6	MOR浓度 21.6~148.0	EDDP浓度 20.7~151.0	THC—COOH浓度 44.5~79.7	—	—	—
西班牙	巴塞罗那(加特河)	2007年	COD浓度	MOR浓度 未检出~7.0	MTD浓度 0.8~4.4	THC—COOH浓度 4.7~79.5	EDDP浓度 2.0~16.0	—	—	—	—
瑞士	图恩湖,比尔湖,布里恩茨湖	2009—2010年	COC浓度 <LOQ~3.7	BE浓度 <LOQ~11	MOR浓度 <LOQ~14	COD浓度 <LOQ~18	MDMA浓度 0.6~12.2	EDDP浓度	MOR浓度	MTD浓度 0.6~10.1	EDDP浓度 1.6~6.6
爱尔兰	布罗德梅多河,利菲河,博因河	2006年	COC浓度 <LOQ~33	BE浓度 <LOQ	MOR浓度 <LOQ	EDDP浓度 <LOQ	—	—	—	—	—

续表

国家	调查对象	时间	主要精神活性物质的浓度/(ng/L)						
中国	松花江	2015年	METH浓度 <LOQ~3.9	KET浓度 <LOQ~0.1	COD浓度 <LOQ~0.5	—	—	—	—
	黄河	2015年	METH浓度 0.8~1.7	KET浓度 <LOQ~0.4	COD浓度 1.1~2.2	EDDP浓度 0.1~0.3	—	—	—
	长江	2015年	METH浓度 1.3~2.8	KET浓度 1.8~3.7	NK浓度 0.3~1.0	BE浓度 0.8~1.4	COD浓度 <LOQ~0.1	COC浓度 0.2~0.7	—
	珠江	2015年	METH浓度 17.4~58.2	AMP浓度 0.5~1.4	KET浓度 9.9~21.7	NK浓度 3.1~6.5	BE浓度 <LOQ~0.6	MDMA浓度 0.4~1.3	COD浓度 0.4~2.1
	北京(7条河流)	2015年	METH浓度 2.68~99.51	EPH浓度 1.23~75.1	KET浓度 1.02~16.34	AMP浓度 1.54~11.23	HY浓度 1.00~15.85	—	—
	上海(黄浦江)	2014年	BE浓度 <LOQ	EDDP浓度	THC-COOH浓度	—	—	—	—
	台北、高雄	2012—2013年	METH浓度 0.2~260	COD浓度 1.3~15	MTD浓度 0.2~4.3	CAF浓度 2.69~730.7	—	—	—
	台北(大汉溪、新店溪)	2010年	METH浓度 <LOQ~405	KET浓度 <LOQ~108	COD浓度 <LOQ~57	MOR浓度 36	—	—	—
			<LOQ~341			MOR浓度			

注：LOQ表示定量限。

中也检出了精神活性物质。

本课题组（张艳，2017）对北京市7条城市河流（沙河、温榆河、清河、北小河、坝河、通惠河和小中河）中6种精神活性物质（METH、AMP、MC、KET、EPH和HY）的污染水平和时空分布特征进行了研究。共布设34个采样点，具体分布为沙河（S1～S2）、温榆河（W3～W10）、清河（Q11～Q18）、北小河（BX19～BX21）、坝河（B22～B26）、通惠河（T27～T33）和小中河（X34）。研究结果表明，北京市城市地表水中精神活性物质的污染浓度总体处于较低水平，除MC均未检测到外，其余5种目标药物的浓度水平都在纳克/升级，EPH和METH是在北京市城市地表水中分布较广泛且浓度较高的两种精神活性物质，其检出频率分别为94%～100%和65%～100%，浓度范围分别在未检出到185.7ng/L之间和未检出到99.5ng/L之间。如表2-2所示为各河流精神活性物质的污染水平。如图2-2所示为各采样点中5类目标精神活性物质（MC未检出）组成的空间分布特征。

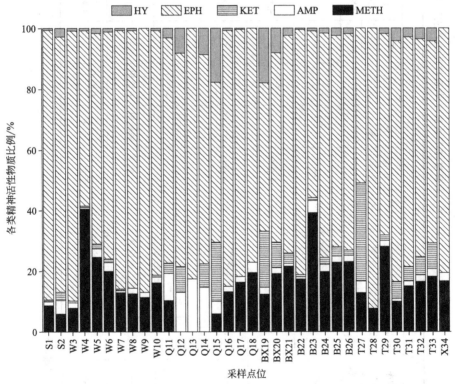

图2-2 北京市城市地表水中精神活性物质组成的空间分布特征

此外，研究发现城市河流中精神活性物质的分布具有典型的季节性特征。从季节分布上来看，北京市枯水期（冬季和春季）水体中精神活性物质的总浓度明显高于丰水期（夏季和秋季），并且大部分采样点（＞50%）精神活性物质总浓度冬季

表 2-2 北京市城市地表水中精神活性物质的污染水平

目标物质	秋季				冬季				春季				夏季			
	频率/% $n=34$	中值浓度/(ng/L)	平均浓度/(ng/L)	浓度范围/(ng/L)	频率/% $n=15$	中值浓度/(ng/L)	平均浓度/(ng/L)	浓度范围/(ng/L)	频率/% $n=34$	中值浓度/(ng/L)	平均浓度/(ng/L)	浓度范围/(ng/L)	频率/% $n=34$	中值浓度/(ng/L)	平均浓度/(ng/L)	浓度范围/(ng/L)
METH	85	6.9	14.6	未检出~99.5	100	12.0	15.3	3.3~57.4	79	5.2	7.1	未检出~51.9	65	2.8	6.9	未检出~80.6
AMP	97	2.8	3.1	未检出~11.2	40	未检出	1.1	未检出~5.0	—	未检出	未检出	未检出	3	未检出	<LOQ	未检出~8.8
KET	74	1.6	2.9	未检出~16.3	27	未检出	<LOQ	未检出~3.9	24	未检出	1.2	未检出~17.1	—	未检出	未检出	未检出
EPH	100	20.1	22.8	1.2~75.1	100	119.0	115.0	26.7~185.7	100	32.9	39.6	3.0~106.1	94	11.5	15.7	未检出~50.8
MC	—	未检出	未检出	未检出	—	未检出	未检出	未检出	—	未检出	未检出	未检出	—	未检出	未检出	未检出
HY	82	1.7	3.0	未检出~15.9	27	未检出	0.8	未检出~4.0	—	未检出	未检出	未检出	—	未检出	未检出	未检出

注：LOQ表示定量限；频率中 n 表示样本量。

最高（32.0～245.1ng/L），夏季最低（0～140.2ng/L）。如图 2-3 所示为北京市城市地表水中精神活性物质总量的时空分布。

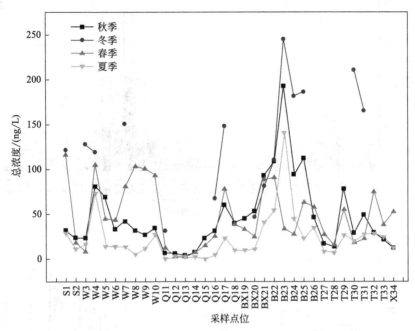

图 2-3 北京市城市地表水中精神活性物质总量的时空分布

各类精神活性物质中，EPH 的检出频率最高，夏季样品中检出频率为 94%，其余三个季节的样品中检出频率都高达 100%；EPH 的检出浓度也较高，最高可达 185.7ng/L。METH 的检出频率（>65%）和检出浓度（ND～99.5ng/L，ND 表示未检出）同样较高，说明该药物在北京市城市地表水中广泛存在。AMP 与 KET 的检出浓度水平相对较低，然而在秋季样品中，其检出频率分别高达 97% 和 74%。在春季和夏季地表水样品中均未检测到羟亚胺（HY）；在秋季和冬季样品中 HY 的检出频率分别为 82% 和 27%，浓度水平也较低（未检出至 15.9ng/L）。如图 2-4 所示为北京市城市地表水中精神活性物质组成的时空分布。

根据国务院新闻办公室发布的中国毒品形势报告，METH 和 KET 是我国最主要的精神活性物质。本研究发现水体中 METH 的检出频率和浓度均较高，这和官方通报结果一致。然而，KET 在实际水环境中的检测结果和北京市污水处理厂出水浓度数据一致。北京市地表水中 METH 的中值浓度水平（2.8～12.0ng/L）远高于美国、英国、意大利、爱尔兰、瑞士和西班牙的大部分地区（Gago-Ferrero et al., 2011；Metcalfe et al., 2010；Álvarez-Ruiz et al., 2015；Huerta-Fontela et al., 2008；Hummel et al., 2006）；低于我国台湾（未检出至 917ng/L）和珠江流域

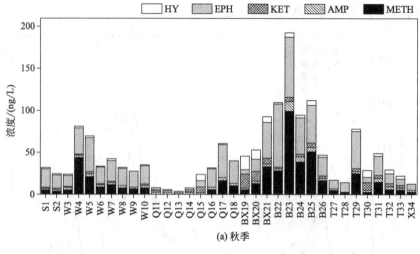

(a) 秋季

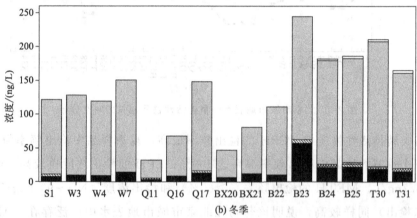

(b) 冬季

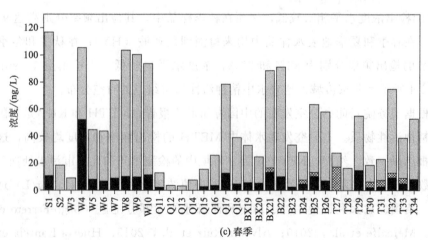

(c) 春季

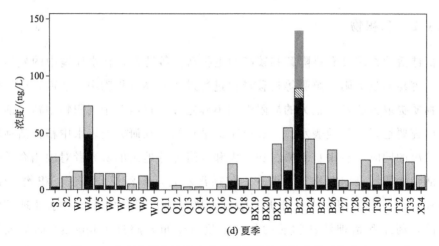

(d) 夏季

图 2-4　北京市城市地表水中精神活性物质组成的时空分布

(31.1ng/L); 与西班牙马德里 (3.1~5.0ng/L), 以及我国的黄河 (1.3ng/L)、松花江 (2.2ng/L) 和长江 (1.9ng/L) 相比差别不大。AMP 的中值浓度水平 (未检出至 2.8ng/L) 稍低于我国台湾南部 (未检出至 90.3ng/L) 和西班牙 Henares 河流 (309ng/L)。KET 水平 (未检出至 1.6ng/L) 远低于我国台湾 (未检出至 9533ng/L)、珠江 (15.6ng/L) 和英国 (21.3ng/L)。关于 EPH 的环境污染研究主要集中在西班牙和英国。北京市城市河流中 EPH 的中值浓度水平 (11.5~119.0ng/L) 远低于西班牙 (5.4~206.0ng/L), 但是高于英国的地表水 (未检出至 14.5ng/L)。

目前尚未见关于水体中 HY 浓度的报道。本课题组 (张艳, 2017) 首次报道了北京市城市地表水中 HY 的污染, 浓度在未检出至 15.9ng/L 之间。与国内外其他研究相比, 北京市城市地表水中精神活性物质的污染浓度总体处于较低水平。从组成上来看, EPH 和 METH 是在北京市城市地表水中分布较广泛且浓度较高的两种精神活性物质, 其检出频率分别为 94%~100% 和 65%~100%, 浓度分别在未检出至 185.7ng/L 之间和未检出至 99.5ng/L 之间。从空间分布上来看, 在城市人口密集、经济和娱乐业较发达地区, METH 和 KET 的环境浓度明显较高。从季节分布上来看, 北京市枯水期 (冬季和春季) 水体中精神活性物质的浓度明显高于丰水期 (夏季和秋季), 并且大部分采样点 (>50%) 精神活性物质总浓度冬季最高 (32.0~245.1ng/L), 夏季最低 (0~140.2ng/L)。利用风险商评价北京市地表水中典型精神活性物质的环境风险, 计算得出目标药物的风险商均小于 0.1, 表明其可能的环境风险较低。但是由于精神活性物质具有一定的毒性和生物活性, 其对城市河流水生生态系统安全可能会造成一定的威胁。表 2-1 为总结的世界各主要国家地表水中主要精神活性物质的浓度水平。

2.2.1.2 沉积物

精神活性物质具有难降解和较高的生物活性等特性，在水环境中的残留时间较长，容易通过吸附、解吸等迁移转化过程进入水体沉积物中。然而，由于精神活性物质提取方法具有很大的局限性和不确定性，目前关于沉积物中精神活性物质的研究要远远少于地表水。通过查阅文献得知，在研究地表水中精神活性物质污染状况的同时，有来自希腊、加拿大和西班牙等地区的研究者对固相介质中的精神活性物质污染状况进行了调查，包括污水处理厂污泥和河流沉积物。Gago-Ferrero等（2011）研究人员分析了来自希腊圣托里尼岛的五个污水处理厂的污泥样品，药品和精神活性物质的最大浓度（干重）超过 100ng/g。加拿大学者 Metcalfe 等（2010）在三个城市的污水处理厂污泥中测得 COC 和 BE 的平均浓度（干重）分别为 16.9ng/g 和 9.6ng/g。Álvarez-Ruiz 等（2015）在西班牙瓦伦西亚污水处理厂污泥和河流沉积物中发现了 12 种精神活性物质，药物浓度水平超过 100ng/g。污泥和沉积物作为精神活性物质的重要储存库，对生态环境尤其是水生生物的影响不容忽视。然而，到目前为止，我国污泥和河流沉积物中精神活性物质的污染状况尚不清楚，关于我国精神活性物质在沉积物中的残留水平还有待进一步调查和研究。

2017 年，本课题组胡鹏等（Hu et al.，2019）对流经京津冀地区的北运河的地表水和沉积物进行了调查，研究了 11 种精神活性物质（AMP、METH、KET、EPH、COC、BE、MTD、MOR、HER、COD 和 MC）的污染水平。由于实际水文地质因素，最终共采集水样 13 个，采集沉积物样品 14 个，其中 10 个点位（B2~B11）位于北运河干流，其他 4 个点位从北到南分别位于凉水河（L1）、小友堡排水渠（X1）、秦营干渠（Q1）和青龙河（Q2）。研究发现：在北运河地表水中，甲卡西酮（MC）和海洛因（HER）在所有采样点都没有检出，共检测出 9 种精神活性物质，其浓度在低于检出限至 92.2ng/L 之间；检出率最高的药物是甲基苯丙胺（METH）、氯胺酮（KET）和麻黄碱（EPH），检出率均达到 100%，平均浓度分别为 25.0ng/L、5.7ng/L 和 29.7ng/L；可待因（COD）和美沙酮（MTD）在北运河地表水中的检出率较低，分别为 15.38% 和 30.77%。地表水与沉积物中各精神活性物质的浓度水平和检出率见表 2-3。

研究发现，北运河沉积物中共检测出 7 种精神活性物质，其浓度范围为未检出至 8.4ng/g。其中 EPH 的检出率最高，达 92.86%，平均浓度为 3.5ng/g，浓度范围为未检出至 8.4ng/g。如图 2-5 所示为北运河沉积物中 11 种精神活性物质的分布特征。

表 2-3 北运河地表水与沉积物中 11 种精神活性物质的污染水平

目标物质	地表水				沉积物			
	检出率/% $n=13$	中值浓度/(ng/L)	平均浓度/(ng/L)	浓度范围/(ng/L)	检出率/% $n=14$	中值浓度/(ng/g)	平均浓度/(ng/g)	浓度范围/(ng/g)
AMP	92.31	2.8	3.6	未检出~11.3	50.00	<LOQ	2.0	未检出~6.9
METH	100	17.4	25.0	2.6~92.2	57.14	5.0	3.2	未检出~9.1
KET	100	4.8	5.7	1.5~12.3	28.57	未检出	<LOQ	未检出~3.6
EPH	100	22.2	29.7	5.6~70.4	92.86	2.9	3.5	<LOQ~8.4
COC	76.92	4.6	4.9	未检出~10.7	50.00	<LOQ	<LOQ	未检出~10.0
BE	76.92	5.1	5.8	未检出~14.6	35.71	未检出	<LOQ	未检出~3.1
MTD	30.77	未检出	<LOQ	未检出~6.3	0.00	未检出	未检出	未检出
MOR	46.15	未检出	1.78	未检出~6.1	21.43	未检出	<LOQ	未检出~4.9
HER	0	未检出	未检出	未检出	未检出	未检出	未检出	未检出
COD	15.38	未检出	<LOQ	未检出~5.6	0.00	未检出	未检出	未检出
MC	0	未检出	未检出	未检出	0.00	未检出	未检出	未检出

注：<LOQ 表示低于定量限；n 表示样本量。

根据北运河地表水和沉积物中实际检出精神活性物质浓度，对于那些在水和沉积物中都能检出的滥用药物，估算出它们的沉积物和水相分配系数，通过沉积物和水相分配系数反映药物在两相中的迁移能力及分离效能，见表 2-4。药物的平均沉积物和水相分配系数介于 149.3L/kg 和 1214.0L/kg 之间，其中 METH 的分配系数最低，为 149.3L/kg。需要指出的是，沉积物和水相分配系数受多种因素影响，如温度、压力等，作为滥用药物的一项重要参数，更加准确的沉积物和水相分配系数还需利用实验进一步确定。文献中报道了 COC 和 BE 的沉积物和水相分配系数（分别为 3000L/kg 和 200L/kg），其他药物的沉积物和水相分配系数还有待进一步研究（Plosz et al.，2013）。

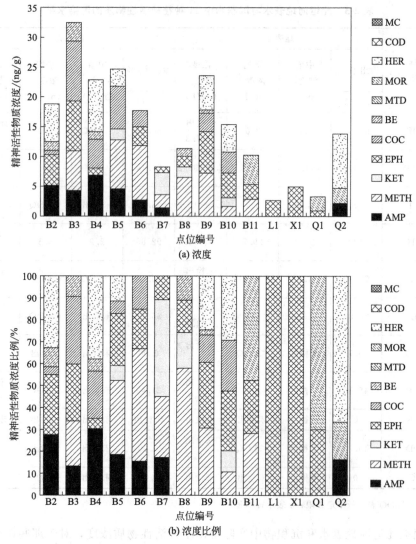

图 2-5 北运河沉积物中 11 种精神活性物质的分布特征

表 2-4 北运河中精神活性物质在水-沉积物中的分配系数

目标物质	K_D/(L/kg)			K_{oc}/(L/kg)	n
	最小值	最大值	平均值		
AMP	407.9	2158.2	1214.0	3.03×10^4	5
METH	89.7	242.4	149.3	3.88×10^3	6
KET	324.3	431.8	378.1	8.12×10^3	2
EPH	16.6	405.7	168.0	4.25×10^3	11
COC	12.3	350.6	202.9	1.19×10^4	7
BE	48.6	317.0	179.6	4.77×10^3	4
MOR	285.2	574.2	450.9	1.22×10^4	3

注：K_D 为沉积物和水相分配系数；K_{oc} 为有机碳归一化系数；n 为样本量。

2.2.1.3 地下水与饮用水

地表水和沉积物中残留的精神活性物质可能会对环境造成危害。地表水和地下水有着千丝万缕的联系,在部分地区,地下水和地表水相互补给:当地表水位高于地下水位时,地表水下渗补给地下水;当地表水位低于地下水位时,地下水以泉、井的形式补给地表水。相互补给的过程中,地表水或土壤中的污染物也会随之迁移转化。

有研究发现地下水甚至饮用水中也存在一定的精神活性物质残留。Jurado 等(2012)在西班牙巴塞罗那市采集了 37 个地下水水样,检出 21 种精神活性物质,其中 COC、BE、MOR、MTD、EDDP 和 MDMA 等浓度相对较高,最高浓度达到 7.4ng/L。由于地下水一般作为饮用水水源,虽然地下水中精神活性物质浓度水平较低,但它直接影响公众健康,其污染问题应引起重视。目前国内尚没有关于地下水中精神活性物质污染水平的报道,国外的调查也相对匮乏。本课题组张艳(2017)对北京市不同区域的 19 个地下水采样点进行调查,6 种目标精神活性物质(METH、AMP、KET、MC、EPH 和 HY)中除 AMP 外,其余 5 种药物均未检出,6 种精神活性物质的浓度分布如表 2-5 所示。

表 2-5　北京市地下水中精神活性物质浓度分布　　　单位:ng/L

采样点	METH	AMP	KET	MC	EPH	HY
前辛庄	未检出	未检出	未检出	未检出	未检出	未检出
平谷水源地 (山东庄大坎村)	未检出	未检出	未检出	未检出	未检出	未检出
沙子营	未检出	未检出	未检出	未检出	未检出	未检出
南水回灌区 (牛栏山镇史家口村)	未检出	未检出	未检出	未检出	未检出	未检出
八厂	未检出	未检出	未检出	未检出	未检出	未检出
小柏老村	未检出	未检出	未检出	未检出	未检出	未检出
庞各庄	未检出	未检出	未检出	未检出	未检出	未检出
长子营	未检出	未检出	未检出	未检出	未检出	未检出
采育	未检出	未检出	未检出	未检出	未检出	未检出
地下水水源地三厂(海淀)	未检出	未检出	未检出	未检出	未检出	未检出
密云(田西各庄)	未检出	2.1	未检出	未检出	未检出	未检出
王四营	未检出	2.2	未检出	未检出	未检出	未检出
栗元庄 (门头沟西辛庄)	未检出	未检出	未检出	未检出	未检出	未检出

续表

采样点	METH	AMP	KET	MC	EPH	HY
马池口	未检出	2.1	未检出	未检出	未检出	未检出
张坊水源地	未检出	未检出	未检出	未检出	未检出	未检出
衙门口	未检出	未检出	未检出	未检出	未检出	未检出
丰台南苑村委会	未检出	未检出	未检出	未检出	未检出	未检出
永乐店	未检出	2.2	未检出	未检出	未检出	未检出
西集	未检出	未检出	未检出	未检出	未检出	未检出

针对饮用水中精神活性物质污染问题的研究较少。相关研究最早可以追溯到 2006 年，Hummel 等（2006）研究了几种精神活性物质在德国的污水厂污水、河水及自来水中的污染情况。通过对两种自来水样品的分析，发现除了苯甲酰芽子碱（可卡因的主要代谢产物）和阿片类药物（可待因和吗啡）等化合物低于定量限（2~10ng/L）外，其他药物如卡马西平和扑米酮在饮用水中都普遍存在。Huerta-Fontela 等（2008）于 2008 年调查了几种精神活性物质在饮用水处理厂中的浓度水平并研究了其环境行为，包括对"摇头丸"（MDMA）等几种精神活性物质的去除率研究。结果表明，苯甲酰芽子碱在饮用水处理中的去除率最低，多个水样中均有不同程度的检出，其浓度为 3~130ng/L。与此同时，Boleda 等（2009）研究了同一饮用水处理厂和处理设施中多种药物的去除情况，包括阿片类药物和大麻类药物。结果表明，美沙酮及其主要代谢物 EDDP 在处理后的饮用水中浓度为 20ng/L，其他药物的浓度均为较低水平。

2.2.2 污水

精神活性物质进入生物体后，大部分以母体或具有活性的代谢物形式随粪便和尿液排泄到体外，通过市政管网系统的收集而进入污水处理厂（WWTPs）。传统污水处理工艺不能完全去除这些化合物，未被去除的部分通过污水厂出水不断地排放至环境介质中，进而对水生生态系统产生潜在危害（Evgenidou et al.，2015）。

不同浓度的精神活性物质在不同国家的污水处理厂中被频繁检出。北美地区最先关注污水处理厂中的药物污染问题，Chiaia 等（2008）对美国 7 个城市污水处理厂的进水进行了调查，结果显示，污水中可卡因（COC）和苯丙胺（AMP）浓度均高于 200ng/L，甲基苯丙胺（METH）为 800ng/L，COC 代谢物苯甲酰芽子碱（BE）高达 1131ng/L。Metcalfe 等（2010）检测了加拿大 3 个污水处理厂中精神活性物质的浓度，发现 COC 及其代谢物 BE 浓度较高，分别为 209~823ng/L 和

287~2624ng/L。COC与BE的浓度一般在数百纳克/升至微克/升之间，通常是污水中浓度最高的精神活性物质，整体上污水中可卡因类化合物丰度水平为BE＞COC（Van-Nuijs et al.，2011）。

污水处理厂中羟考酮、氢可酮、丁丙诺啡和羟吗啡酮的相关研究较少。在德国12个污水处理厂中发现了氢可酮和羟考酮，平均浓度分别低于50ng/L和20ng/L（Hummel et al.，2006）。在法国25个污水处理厂中发现了丁丙诺啡，进水浓度为40~195ng/L，出水中偶尔检测到（＜40ng/L）（Nefau et al.，2013）。英国的一项研究报告显示，羟考酮和羟吗啡酮在进水样品中的检出率分别为61%和38%，而出水样品中检出率分别为58%和10%（Baker et al.，2013）。这些数据表明污水处理厂不能有效去除阿片类药物，部分化合物甚至经过三级处理也不能完全被去除，在西班牙污水处理厂中经过加氯消毒、凝聚、絮凝、层流澄清和砂滤等三级处理后，出水中依然检测到了吗啡（2~53ng/L）和可卡因（4~17ng/L）（Pedrouzo et al.，2011）。

欧洲国家对污水中药物污染的研究较多，其中，吗啡、6-单乙酰吗啡、美沙酮、可待因和EDDP是研究最多的阿片类化合物。相关研究表明污水厂出水中的药物浓度通常只有进水的20%~70%，阿片类药物在废水中的浓度水平次序为：可待因＞吗啡＞EDDP＞美沙酮＞6-单乙酰吗啡＞海洛因。吗啡浓度高的原因主要是海洛因滥用程度高，在疼痛管理中使用吗啡止咳药配方，并在烘焙产品中使用罂粟种子（Berset et al.，2010）。废水中6-单乙酰吗啡和EDDP的高浓度及高检出率表明未来的研究需要关注这些代谢产物，以便分别评估其前体化合物海洛因和美沙酮的质量负荷。Huerta-Fontela等（2008）调查了西班牙42个城镇污水处理厂中精神活性物质的污染状况，检出的药物种类较多，浓度范围较大，包括COC（4~4700ng/L）、BE（9~7500ng/L）、METH（3~277ng/L）、MDA（3~266ng/L）和MDMA（6~114ng/L）。Castiglioni等（2006）在瑞士卢加诺污水处理厂中检测到COC、BE、MOR、MTD和MDMA等精神活性物质，且前3种药物的浓度均高于200ng/L。Kasprzyk-Hordern等（2008）在英国Cilfynydd污水处理厂中检出了浓度较高的COC（526ng/L）、BE（1229ng/L）和AMP（5236ng/L）。Lai等（2016）采集了澳大利亚14个污水处理厂的112个混合水样，结合污水流行病学（Wastewater Based Epidemiology，WBE）调查分析了澳大利亚全国范围内精神活性物质消费的空间特征，结果显示精神活性物质使用情况的空间差异性较大，大城市内COC与致幻剂MDMA的消耗量高于郊区，各行政辖区内COC的消耗量存在显著性差异，城区与郊区内METH的消耗量接近。通过WBE得到的COC与

MDMA消耗量分别为年均缴获量的25倍和40倍，说明精神活性物质的非法交易量难以探知。结合WBE与调查方法可以综合评估精神活性物质的使用，帮助政府部门制定相应的政策。Baker等（2013）调查了7家污水处理厂内60种药品、精神活性物质及其代谢物的时空变化特征，指出去除率取决于水处理工艺及污染物结构，受纳河流中累积浓度明显升高，说明尽管在河道中精神活性物质的检出水平较低，但其协同作用不容忽视。

我国关于水体中精神活性物质的相关研究报道较少。北京大学Du等（2015）结合WBE调查分析了我国18个主要城市的36家污水处理厂进、出水样品，发现METH的平均负荷为（12.5±14.9）～（181.2±6.5）mg/(1000人·d)，KET平均负荷为＜0.2～（89.6±27.4）mg/(1000人·d)，METH负荷没有显著空间差异，而KET负荷整体由北向南明显升高。多数污水处理厂对METH的去除率高于80%，然而对KET的去除率低于50%，甚至出现负去除率。调查结果表明自2012年起，北京、上海、深圳的METH消耗量增加，而KET消耗没有显著变化。多数省份的缴获量远低于消费量，而深圳、云南等地区的缴获量高于消费量，表明在这些地区缴获的大部分METH与KET都在其他地方消费了。Khan等（2014）通过WBE调查分析了北京、广州、深圳和上海等城市的9家污水处理厂进水，结果定量描述了我国与欧洲国家的精神活性物质使用模式的差异，METH与KET在我国的使用值得关注，而欧洲国家滥用最严重的可卡因和致幻剂在我国使用程度非常低，海洛因在研究区的使用者较少。整体上，研究结果说明了WBE可用于研究区内精神活性物质使用情况的调查，传统方式提供的信息有限且可信度不高。Yao等（2016）调查研究了黄浦江和4个污水厂出水中10种精神活性物质，其中咖啡因和可替宁的检出率和浓度最高，主要来自医用和食品加工废水。

不同国家的污水处理厂中精神活性物质污染具有明显的差异，说明各国药物滥用情况有所不同，如英国Cilfynydd污水处理厂的研究表明该地区对AMP滥用较严重，美国部分地区对METH滥用较严重，欧美国家COC的使用量普遍较大，我国的滥用药物主要包括AMP、METH和KET。

本课题组邓洋慧等（Deng et al.，2020）对江苏省常州市8个污水处理厂进水和出水中12种精神活性物质进行了调查，在所有进水样品中均检出了最常见的精神活性物质METH、COC和KET。进水中AMP、MC、COD、HR（海洛因）、MET（美沙酮）、MDMA和MDA的检出频率大于75%，而BE仅在其中一个污水处理厂中检测到。进水和出水中METH的浓度范围分别为1.3～51.6ng/L和检出限到

22.4ng/L。

AMP 是 METH 的主要代谢产物，也是司来吉兰（治疗帕金森病的药物）的成分。当 AMP 与 METH 的浓度比在 0.04 至 0.1 之间时，AMP 主要来自 METH 的转化。而在这项研究中，大多数污水处理厂中 AMP 与 METH 的浓度比大于 0.1，这表明 AMP 主要与处方药物司来吉兰的使用有关。这与欧洲国家的状况形成鲜明对比，在欧洲国家中，AMP 主要来自 METH 的转化。

该研究还发现，8 个进水样品中均检测到 KET，而进水中未检测到 NK（去甲氯胺酮，为氯胺酮的代谢物）。尽管所有污水处理厂中都广泛存在 KET，但 KET 浓度水平低至无法产生可检测的代谢物 NK。与其他城市相比，南方城市深圳和广州在污水处理厂中始终检测到 NK，其浓度水平始终高于北京和上海，这可能与中国不同地区的 KET 消费模式不同有关。表 2-6 为常州市 8 座污水处理厂中精神活性物质及其代谢产物的分布规律，图 2-6 为 8 座污水处理厂进水中精神活性物质的 24h 平均浓度，图 2-7 为 8 座污水处理厂出水中精神活性物质的 24h 平均浓度（TNQ-1、TNQ-2、XBQ-1、XBQ-2、XBQ-3、WJQ-1、JTQ-1、LYS-1 分别为常州市 8 座不同污水处理厂的编号）。

表 2-6　常州市污水处理厂中精神活性物质及其代谢产物的分布规律

目标物质	水样类型	TNQ-1 浓度/(ng/L)	TNQ-2 浓度/(ng/L)	XBQ-1 浓度/(ng/L)	XBQ-2 浓度/(ng/L)	XBQ-3 浓度/(ng/L)	WJQ-1 浓度/(ng/L)	JTQ-1 浓度/(ng/L)	LYS-1 浓度/(ng/L)	检出频率/%
METH	进水	5.1	2	51.6	1.2	35.6	1.2	6.6	45.1	100
METH	出水	0.4	0.5	16.6	未检出	8.2	0.7	19.7	22.4	87.5
AMP	进水	8.1	1.4	未检出	2.2	2.8	1.2	10.3	4.3	87.5
AMP	出水	未检出	1	1.1	未检出	未检出	1.1	1.2	1.3	62.5
KET	进水	1.7	0.8	0.8	0.9	2.5	1.1	0.9	1	100
KET	出水	未检出	0.2	0.3	未检出	1.2	0.7	未检出	1	87.5
NK	进水	0.4	未检出	0.7	0.3	未检出	0.2	0.2	未检出	62.5
NK	出水	0.2	0.6	0.3	未检出	未检出	未检出	0.2	0.2	87.5
COD	进水	10.7	未检出	未检出	0.8	0.8	0.4	0.4	0.9	75
COD	出水	未检出	0.4	0.3	0.6	未检出	0.5	0.5	0.4	75
HR	进水	未检出	0.4	0.3	0.7	0.4	0.5	7	未检出	75
HR	出水	1.5	0.3	0.4	0.7	0.5	0.5	1.8	0.4	100
MET	进水	0.4	1.2	0.1	0.6	未检出	0.7	未检出	0.1	75
MET	出水	未检出	0.1	0.1	未检出	0.2	0.1	未检出	0.1	50

续表

目标物质	水样类型	TNQ-1 浓度/(ng/L)	TNQ-2 浓度/(ng/L)	XBQ-1 浓度/(ng/L)	XBQ-2 浓度/(ng/L)	XBQ-3 浓度/(ng/L)	WJQ-1 浓度/(ng/L)	JTQ-1 浓度/(ng/L)	LYS-1 浓度/(ng/L)	检出频率/%
COC	进水	0.8	0.4	0.2	0.5	0.2	0.3	0.2	0.2	100
	出水	0.5	0.2	0.2	0.4	0.2	0.2	0.2	0.2	100
BE	进水	未检出	0.19	未检出	未检出	未检出	未检出	未检出	未检出	12.5
	出水	未检出	未检出	未检出	未检出	未检出	未检出	未检出	未检出	0
MDMA	进水	0.5	未检出	0.3	0.6	未检出	0.2	0.3	0.2	75
	出水	0.7	0.2	0.5	0.2	0.2	0.2	0.2	0.2	75
MDA	进水	1.8	0.2	2.7	未检出	未检出	1.1	4.9	2.2	75
	出水	未检出	未检出	未检出	未检出	0.5	未检出	2.4	0.4	75
MC	进水	0.6	0.3	2.2	1	未检出	2.7	6.6	1.6	87.5
	出水	0.5	0.7	0.2	1.2	0.3	0.2	未检出	0.6	87.5

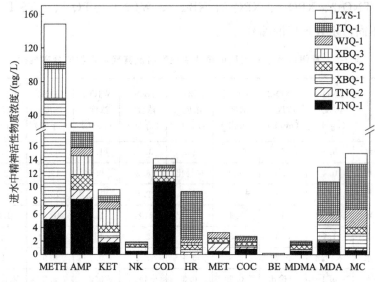

图 2-6 常州市污水处理厂进水中精神活性物质的 24h 平均浓度

2.2.3 大气

毒品的销毁方法主要有化学反应销毁法和焚烧法。化学反应销毁法主要是利用强酸或强碱对毒品进行破坏；而焚烧法是利用高温对毒品进行裂解或氧化，具有成本低廉、操作简单等优点，得到广泛使用。

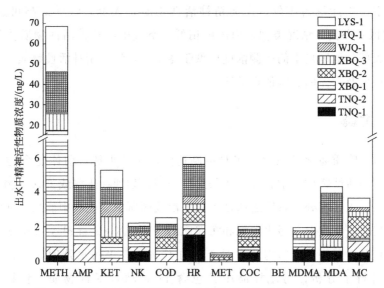

图 2-7 常州市污水处理厂出水中精神活性物质的 24h 平均浓度

在禁毒日等活动期间，为了起到宣传警示教育作用，有时在一些公共场合通过露天焚烧毒品的方式警示民众，焚烧现场常伴有浓烟、刺激性气味，其中的有毒有害物质将直接扩散到大气环境中，对周边环境及人体健康产生直接影响。如印度尼西亚警察为向公众展示禁毒成果和决心，在雅加达警局外烧毁 3.3 吨大麻，由于未提前通知民众做好防护措施，结果导致全城居民产生头晕、头痛甚至幻觉等吸毒症状。

在我国，公安机关收缴后的毒品主要置于仓库中封存，多定期运至危废集中处理中心或垃圾处理厂采用焚烧法进行集中销毁。在危废处理处置企业和垃圾焚烧厂中，毒品的销毁主要发生在焚烧炉中，逸出气体及尾气对周围的环境也会存在一定程度的影响。已有研究表明，危险废物焚烧厂周边的水、大气和土壤环境都会受到焚烧过程中产生的有毒有害物质的影响。如前期研究发现，二噁英类物质普遍存在于危废焚烧厂周边的环境介质中（Wang et al., 2014）。

关于精神活性物质在大气环境中的污染状况也有相关报道。在巴塞罗那城市的空气中检出了包括大麻、可卡因、吗啡等在内的 15 种精神活性物质，其中大麻浓度最高，达到 $6ng/m^3$（Mastroianni et al., 2015）。Cecinato 等自 2007 年起，调查了多个国家城市空气中精神活性物质的浓度，包括苯丙胺类、大麻、氯胺酮和可卡因等（Cecinato et al., 2016；Cecinato et al., 2014）。研究结果显示，尽管主要污染物为尼古丁，但可卡因、大麻类等物质也均有检出，浓度大多小于 $1ng/m^3$。对不同场所（学校、办公区和住宅区）室内空气精神活性物质污染情况的调查表明：学校空气中除尼古丁外，主要精神活性物质是大麻，浓度最高可达 2.9ng/m^3，住宅区和办公区情况类似，但浓度稍低；空气中的精神活性物质受扩散条件的影响，大部分地区夏季的检测浓度要低于冬季。空气中精神活性物质及其降解产物对周围环境及人体的影响值得关注。

2.2.4 土壤

精神活性物质通常是在地下实验室制造的，包括母体、前体化合物以及副产品，这些精神活性物质通常会经过非法途径处理，如埋在土壤或公共废物管理设施中，或者在进入污水处理系统之前被丢入水池或厕所中。土壤中的精神活性物质主要来源于其非法处置以及污水灌溉和污泥回田（Van-Nuijs et al., 2011）。Ivanová等（2018）对占斯洛伐克国内总污泥产量约15%的5个污水处理厂的有氧和厌氧处理污泥进行了分析，污泥样品中共包含 11 种精神活性物质，包括 METH、THC—COOH 和 MDMA 等被广泛检出，其余 7 种低于检出限。由于在斯洛伐克70%的污泥直接或间接用于土壤，根据这些数据，估算出每年施用于土壤的污泥结合污染物的数量从数克到数百公斤。有人试图重复使用大量营养元素（有机碳、氮、磷）来改善土壤的生产特性，但也有人担心新污染物的存在及其对生物以及人类的影响（Mastroianni et al., 2013）。

2.3 典型精神活性物质的环境行为

世界上化学品种类繁多，目前在销售的已超过 7 万种，且每年有 1000～1600种新化学品进入市场，此外还有大量出自地下实验室的精神活性物质和逃避法律管制的策划药（UNODC, 2013）。迄今为止，人们对进入环境中的绝大部分化学物质，特别是有毒有机化学物质在环境中的行为及其产生的潜在危害仍知之甚少。

精神活性物质作为一类新污染物，已在世界多地的水环境中广泛检出，已成为人口稠密地区广泛存在的地表水污染物，其生产和使用地区以及废水处理不当地区的污染情况尚未得到充分研究，关于环境中精神活性物质的大部分研究工作都集中在分析检测技术、精神活性物质的化学性质以及不同国家地区地表水和污水中的含量调查上，只有少数研究调查了地表水、土壤和沉积物中的精神活性物质的归趋和转变，关于这些化合物环境行为的信息十分缺乏，环境中精神活性物质的传输、迁移转化和环境归趋等行为尚未清楚。

这些有毒化学物质的潜在影响正日益成为环境科学家关注的焦点。精神活性物质的半衰期相对较短，其在环境中可能不会持久，但由于其表现出"伪持久性"，即持续使用导致污染的持续发生，了解精神活性物质在环境中的环境行为，可以确定这些化合物是否对生态环境的结构和功能存在独特的风险，对探究其环境污染及其对生态系统的影响至关重要。

2.3.1 人体内代谢和排泄

精神活性物质对人类具有明显的生物学和行为学影响，人类尿液中的代谢产物作为生物标志物在废水中的定量分析已广泛应用于估算精神活性物质的使用率。相关研究的主要基本假设是污水样本相当于尿液的累积样本（Van-Nuijs et al., 2011）。联合国毒品和犯罪问题办公室估计，2016年全球15~64岁人群中，使用大麻的人数超过1.92亿（UNODC，2018）。THC是大麻的主要致幻成分，在大麻中的含量大约为0.5%~3%，大麻中的一部分无活性成分如THC—COOH和大麻二酚等在人体中也会转变为有效成分THC。

THC是一种亲脂性化合物，进入人体后，可在脂肪组织中累积，再从脂肪组织向血液重新分配，进入血液后与血浆蛋白的结合率高达97%~99%，其中60%以上与脂蛋白结合，其余部分与血浆白蛋白结合。THC经血液循环广泛分布于身体各器官组织（脑、脊髓、肝、胆、心、肺、脾、肾、肾上腺、胰腺、淋巴结、脂肪组织、子宫、胎儿、眼、头发等）和体液（血液、淋巴液、胆汁、乳汁、羊水等）以及排泄物（尿液、粪便）中。

THC进入人体后，先通过肝脏中的细胞色素P450-CYP酶迅速代谢为药理活性代谢产物THC—OH、无活性代谢产物THC—COOH以及其他大麻素（Huestis, Cone, 1998）。THC—OH由CYP2C9酶形成并进一步被氧化成中间体，然后通过CYP2C亚家族的微体甲醛氧化酶被催化氧化成THC—COOH。

大约70%的THC在72小时内会以代谢物的形式随尿液和粪便排泄，体内的主要代谢产物为THC—OH，然而尿液中的主要代谢产物是THC—COOH，THC—OH仅占约2%，而未发生代谢的THC仅能痕量检出，在粪便中主要检测到的代谢产物是THC—OH。

人体中的精神活性物质代谢主要是酶促介导的，但研究发现这些过程并不是人体所独有的，也发生在环境和下水道网络中。因为精神活性物质在下水道内的转化可能影响最终的生物标志物浓度，了解精神活性物质在排放进入环境到取样点之间的环境行为尤为重要。

2.3.2 水环境

大量研究表明，精神活性物质广泛存在于水生生态系统中。目前的研究大部分集中于城市污水处理厂以及中型的农村污水处理厂，通常是调查特定精神活性物质的去除效果。地表水中的精神活性物质也有报告，如 AMP、METH、MOR、MDMA（摇头丸）、THC 和 COC 以及 COC 代谢物等在地表水环境中以低水平（即纳克/升级别）存在（Baker et al., 2014; Baker et al., 2013; Guo et al., 2017; Zhang et al., 2017; Gao et al., 2017）。研究人员测定了污水处理厂出水以及接收出水排放的地表水中的精神活性物质浓度，均发现痕量的 AMP、METH、MOR、MDMA、THC 和 COC 以及 COC 代谢物等（Bijlsma et al., 2014; Andres-Costa et al., 2014; Deng et al., 2020; Evgenidou et al., 2015; Campestrini et al., 2017; Mastroianni et al., 2016; Bartelt-Hunt et al., 2009; Li et al., 2016; Cosenza et al., 2018; Yadav et al., 2017; Gao et al., 2017; Pereira et al., 2016; Hu et al., 2019）。但是只有少量研究对精神活性物质的母体化合物在水环境中的代谢过程进行了分析（Bijlsma et al., 2014; Castiglioni et al., 2015）。

一般有机物在水环境中的迁移转化主要取决于有机物本身的性质以及水体的环境条件。有机物在水环境中主要发生吸附、挥发、水解、光解、生物降解、生物富集等迁移转化过程。虽然精神活性物质作为一类新型有机污染物，其环境行为还未得到全面的研究，我们对其在水环境中的迁移转化过程还知之甚少，但是也遵循一般污染物的迁移转化规律，存在以下几个重要过程。

2.3.2.1 负载过程

负载过程即污染物进入环境的过程，污水排放速率、大气沉降以及地表径流将有机毒物引入天然水体的过程均直接影响污染物在水体中的浓度。

目前，在水体中已经广泛检测到各种精神活性物质，精神活性物质在地表水体中普遍存在。一方面这些精神活性物质可能以类似药物和个人护理用品（PPCPs）进入环境水体的方式进入水环境。另一方面精神活性物质通常是在地下实验室制造的，包括其前体和副产品以及合成药物，通常会在土壤、公共废物管理设施或污水处理系统中非法处理。废水中精神活性物质的产生和浓度不受控制，而是通过其生产和后续使用排放到地表水中（Yadav et al., 2017）。

有关精神活性物质进入水体后对水生生物的影响及水生生态系统的生态效应的

研究还不深入，但是可以肯定的是，即使在非常低的浓度下，这些化合物也可能产生一定的生态影响。

2.3.2.2 形态过程

(1) 酸碱平衡

pH值是水环境体系极为重要的特性参数，体系内各组分的相对浓度受pH值影响。天然水环境中重要的一元酸碱体系有 NH_4^+-NH_3、HCN-CN^- 等，二元酸碱体系有 H_2CO_3-HCO_3^--CO_3^{2-}、H_2S-HS^--S^{2-}、H_2SO_3-HSO_3^--SO_3^{2-} 等，三元酸碱体系有 H_3PO_4-$H_2PO_4^-$-HPO_4^{2-}-PO_4^{3-} 等。强酸或强碱基本不存在于天然水体中。

大多数天然水体的pH值一般都在6～9范围内，并且对于某一水体，其pH值几乎保持恒定。在与沉积物的生成、转化及溶解等过程有关的化学反应中，天然水的pH值具有很大意义，往往能决定转化过程的方向。

影响水体pH值的因素有很多，生物活动（水生生物的光合作用和呼吸作用等）、物理现象（大气酸沉降、人为或自然扰动产生的曝气作用等）等都会使水中溶解性二氧化碳浓度发生变化，从而影响水体pH值。

(2) 吸附和解吸

水环境中，有机物的迁移转化行为主要发生在水相、悬浮颗粒物、沉积物和水生生物的介质间，但对动态水，如河流，最主要的迁移介质为水、悬浮颗粒物、沉积物。一定条件下，污染物从吸附态向溶解态的转移过程称作解吸。这种过程既包括底泥中污染物的释放，也包括悬浮颗粒物相中吸附污染物的释放。水体中有机污染物的吸附解吸作用受到多种因素的影响，水环境化学条件和水动力条件的改变是引起自然水体中污染物吸附解吸的主要原因。

Stein等（2008）通过动力学实验，评估了两种沉积物对吗啡、可待因、双氢可待因的吸附作用，发现沉积物对其为线性吸附，并且线性吸附取决于药物与黏土矿物或沉积物有机物表面负电荷的静电相互作用，与有机物的浓度无关。精神活性物质在水环境以及沉积物中存在显著的消散，这使得沉积物中精神活性物质的吸附动力学变得复杂，因此需进一步开展对精神活性物质在沉积物中的环境行为的研究。

(3) 挥发作用

挥发作用是有机物从溶解态转入气相的一种重要的迁移过程。有机物挥发依赖于其性质和水体的特征，有机污染物可能从水体进入大气，从而使其在水中的浓度降低。精神活性物质作为一类特定的有机污染物，其熔点较高，在水环境中几乎不存在挥发过程。

2.3.2.3 转化过程

(1) 水解和光解作用

水解作用是有机物与水发生的反应，反应过程中，有机物的官能团与水中的 OH^- 发生反应，可以同时产生一种或者多种中间产物，原化合物的结构因水解反应而改变，化合物与水作用通常产生较小的、简单的有机产物，因此水解反应是许多化合物在水环境中含量减少或者消失的重要途径。但是水解并不是总能产生毒性更小的分子，对于部分化合物，其水解产物相对于原化合物而言是高毒产物。

光解作用是有机物在光的作用下发生的降解或氧化作用，环境中的有机污染物对光的吸收有可能导致影响其毒性的化学反应的发生。和水解作用相似，光解作用的产物并不一定比原化合物的毒性更小，有毒化合物经过光解产生的产物可能还是有毒的。光解又分为直接光解、敏化光解（间接光解）和氧化反应。

地下水是许多地区公共饮用水供应的主要来源，因此有机化学品污染地下水资源会对公共健康产生影响，这是一个令人担忧的问题。Greenhagen等人通过实验室模拟沙柱实验，研究了咖啡因和METH在不同废水（化粪池系统废水、下水道废水、垃圾填埋场废水）中的自然衰减，结果表明未扰动沉积物层的去除率最高，而沙柱的去除率最低，说明地下沉积物具有去除大量注射药物和精神活性物质的能力，而地下水沙质含水层对精神活性物质的去除能力很低，地下水环境中精神活性物质的输送是保护饮用水免受污染的重要环节（Greenhagen et al., 2014）。

(2) 生物降解作用

生物降解是水环境中有机污染物分解的重要过程，水环境中有机物的生物降解依赖于微生物通过酶促反应代谢污染物并在代谢过程中改变其毒性。当微生物代谢时，一些有机污染物作为食物源提供能量和细胞生长所需要的碳；另一些有机物不能作为微生物生长所需要的唯一碳源和能源，必须由另外的化合物提供。因此有机物生物降解存在代谢特征和降解速率极不相同的两种代谢模式：生长代谢（growth metabolism）和共代谢（co-metabolism）。

①生长代谢（growth metabolism）。有些有毒有机污染物可以像天然的有机物一样作为微生物的生长基质，在生长代谢过程中，微生物可以对这些有机污染物进行较彻底的降解或者矿化，因而是解毒生长基质，相比于那些不能以微生物生长代谢方式进行生物降解的污染物，这类污染物的环境威胁相对较小。

②共代谢（co-metabolism）。某些有机污染物不能作为微生物的唯一碳源与

能源，只有当有另外的化合物存在并提供碳源和能源时，该有机化合物才能被微生物降解，这种现象叫共代谢。

苯甲酰芽子碱是可卡因的脱甲基产物。可卡因的脱甲基作用在人体代谢过程中发生，但 Baker 和 Kasprzyk-Hordern（Baker et al.，2012；Kasprzyk-Hordern，2010）的研究发现，苯甲酰芽子碱也是废水中可卡因转化的产物。Plosz 等（2013）使用批次实验来测量和评估可卡因及其两种主要人体代谢物苯甲酰芽子碱和芽子碱甲酯的生物转化过程。将有机微量污染物的活性污泥建模框架（ASM-X）用于模型结构识别和校准，观察到该生物转化过程遵循伪一级动力学。描述了苯甲酰芽子碱在下水道中的生物降解，并描述了苯甲酰芽子碱的形成/转化是通过可卡因生物转化完成的。生物降解动力学过程不受溶解氧的影响，而是取决于下水道水力停留时间、可卡因总生物量浓度和每种代谢产物的相对浓度。如果考虑到这些化合物的离体生物转化，则使用可卡因及其代谢物苯甲酰芽子碱和芽子碱甲酯在废水中浓度估计的可卡因使用率就会与真实值非常接近（Plosz et al.，2013）。

2.3.2.4　生物富集、放大和积累

（1）生物富集（bio-enrichment）

生物富集又称生物浓缩（bio-concentration），是指生物通过非吞食方式，从周围环境（水、土壤、大气）蓄积某种元素或难降解的物质，导致生物体内该元素或物质的浓度超过环境中浓度的现象。

生物富集常用生物富集系数或生物浓缩系数（BCF）来表示：

$$BCF = C_b / C_e \tag{2-1}$$

式中　BCF——生物浓缩系数；

C_b——某种元素或难降解物质在生物有机体中的浓度；

C_e——某种元素或难降解物质在生物有机体生存环境中的浓度。

（2）生物放大（bio-magnification）

生物放大是指在同一食物链上的高营养级生物，通过吞食低营养级生物蓄积某种元素或难降解物质，使其在机体内的浓度随营养级提高而增大的现象，也指在同一食物链上，高营养级生物机体内来自环境中的元素或难降解物质的浓缩系数比低营养级生物增加的现象。生物放大的程度也用生物浓缩系数来表示。生物放大的结果就是食物链上高营养级的生物体内污染物质的浓度超过环境中的浓度。目前，精神活性物质在食物链上的生物放大效应尚未引起足够重视，相关研究极其匮乏，缺乏有效的数据。

（3）生物积累（bio-accumulation）

生物放大和生物富集都是生物积累的一种情况，生物积累就是生物从周围环境（水、土壤、大气）和食物链蓄积某种元素或难降解物质，使生物体内该元素或物质的浓度超过环境中浓度的现象。生物积累用生物积累系数（生物蓄积因子）（bio-accumulation factor，BAF）表示（Arnot et al.，2006）。

De-Solla 等（2016）捕获了安大略省格兰德河的基奇纳污水处理厂上游和下游的野生贻贝和养殖网箱贻贝，检测了贻贝中的精神活性物质含量，并计算了其在贻贝中的生物蓄积因子（BAF），发现网箱养殖的淡水贻贝（*Lasmigona costata*）中 COC、AMP 和 COD 的平均 BAF 分别为 334、182 和 44。

（4）生物积累的影响因素

影响生物积累的因素很多，如生物种的生物学特性、污染物的性质、污染物的浓度和作用时间以及环境条件。

① 生物种的生物学特性

ⅰ.生物体内能与污染物结合的物质。不同种的生物对物质的富集程度是不一样的。生物富集主要决定于生物本身的特性，特别是生物体内存在的、能与污染物结合而形成稳定化合物的某类物质的活性强弱和数量多少。生物体内凡是能与污染物形成稳定结合物的物质，都能增加生物富集量。

ⅱ.不同器官。生物的不同器官对污染物的富集量有很大差异。这是因为各类器官的结构和功能不同，与污染物接触时间的长短、接触面积的大小等也都存在很大差异。

ⅲ.不同生育期。生物在不同生育期接触污染物，其体内富集量有明显差异。

ⅳ.不同生物种。不同生物种对污染物的吸收累积存在差异。

② 污染物的性质

污染物的性质主要包括污染物的价态、形态、结构形式、分子量、溶解度或溶解性质、稳定性（物理、化学、生物）、在溶液中的扩散能力和在生物体内的迁移能力。

ⅰ.化学稳定性和脂溶性是富集的重要条件。化学性质稳定的物质，其理化性质能在环境中和生物体内的迁移过程中长时间保持稳定，难以被化学降解和生物降解，极易通过食物链而大量积累。脂溶性强的污染物与生物接触时，能迅速地被吸收，并贮存在脂肪中，很难被分解，也不易排出体外。

ⅱ.渗透能力。污染物渗透能力即在生物体内的穿透能力的强弱决定了污染物在生物体内富集的部位不同。

ⅲ.可给态。基质溶液中，污染物可给态（可溶性）数量的多少直接影响植物的吸收和富集。

ⅳ.不易分解的污染物易富集、易生物放大。不易分解的污染物在进入生物体内后不易排出，在食物链中的生物放大作用十分明显，在较高营养级的生物体内可成千万倍地富集起来，然后通过食物链进入人体，在人体的某些器官中蓄积起来造成慢性中毒，影响人体健康。

③ 污染物的浓度和作用时间

富集量不仅与污染物浓度有关，还与作用时间密切相关。污染物的浓度越高，作用时间越长，则生物体内污染物富集量也越多。

④ 环境条件

环境条件有pH值、风向、风速、湿度、温度、水流方向和流速等。环境要素通过影响生物的生长发育和污染物的性质间接影响污染物的生物富集。

(5) 生物富集的研究方法

生物富集的研究可在个体（单独生物种）和食物链两个水平上进行。前述的许多富集规律就是在个体水平研究的基础上得出的。生物富集的研究无论在哪个水平上进行，都可以采取野外采样调查、室内分析和室内模拟实验方法。前者的优点在于污染物的富集是各种因素综合作用的结果，与实际情况相符；后者的优点在于便于控制影响富集的各种因素，便于分析各个因素各自的作用和其综合作用。也可以将两种方法结合，互相印证。

2.3.3 土壤

和在水环境中相同，有机污染物在土壤环境中也存在迁移转化。有机污染物在土壤中的迁移是指其挥发到气相的移动以及在土壤溶液中和吸附在土壤团聚体上的扩散、迁移，主要的方式有扩散和质体流动。有机物在土壤中的转化过程也主要包括光解、水解、微生物降解、生物富集等。

Pal等（2015；2011）在实验室无菌条件下进行一年实验，使用母体药物METH、MDMA及其前体伪麻黄碱，进行了批量平衡技术实验，研究了其在三种生理化学性质不同的南澳大利亚土壤中的持久性。结果表明，各个化合物在测试土壤中表现出不同的吸附机制，并且结果与Freundlich等温线模型拟合更好（$R^2 \geqslant 0.99$），伪麻黄碱的最大吸附容量为$2000 \mu g/g$。然而，与METH和MDMA相比，伪麻黄碱的有机碳归一化吸附系数值较低，吉布斯自由能变化幅度较小，解吸率较高。因此，结果表明在土壤中伪麻黄碱是三种化合物中最易流动及降解的化合物，并且在测试土壤中具有最高的生物降解敏感性。与 MDMA 和伪麻黄碱相比，1-苄基-3-甲基萘和 METH 在土壤中长期存在，N-甲酰基 METH 表现出中等持久性。土壤生物对目标化合物降解有显著的影响。

参考文献

张艳，2017. 水环境中精神活性物质的分析方法及其应用研究 [D]. 北京：中国环境科学研究院.

Álvarez-Ruiz R，Andrés-Costa M J，Andreu V，et al.，2015. Simultaneous determination of traditional and emerging illicit drugs in sediments，sludges and particulate matter [J]. Journal of Chromatography A，1405：103-115.

Andres-Costa M J，Rubio-lopez N，Suarez-varela M M，et al.，2014. Occurrence and removal of drugs of abuse in Wastewater Treatment Plants of Valencia (Spain) [J]. Environmental Pollution，194：152-162.

Arnot J A，Gobas F A，2006. A review of bioconcentration factor (BCF) and bioaccumulation factor (BAF) assessments for organic chemicals in aquatic organisms [J]. Environmental Reviews，14 (4)：257-297.

Baker D R，Barron L，Kasprzyk-Hordern B，2014. Illicit and pharmaceutical drug consumption estimated via wastewater analysis. Part A：Chemical analysis and drug use estimates [J]. Science of the Total Environment，487：629-641.

Baker D R，Kasprzyk-Hordern B，2013. Spatial and temporal occurrence of pharmaceuticals and illicit drugs in the aqueous environment and during wastewater treatment：New developments [J]. Science of the Total Environment，454-455：442-456.

Baker D R，Ocenaskova V，Kvicalova M，et al.，2012. Drugs of abuse in wastewater and suspended particulate matter-further developments in sewage epidemiology [J]. Environment International，48：28-38.

Bartelt-Hunt S L，Snow D D，Damon T，et al.，2009. The occurrence of illicit and therapeutic pharmaceuticals in wastewater effluent and surface waters in Nebraska [J]. Environmental Pollution，157：786-791.

Berset J D，Brenneisen R，Mathieu C，2010. Analysis of llicit and illicit drugs in waste，surface and lake water samples using large volume direct injection high performance liquid chromatography-electrospray tandem mass spectrometry (HPLC-MS/MS) [J]. Chemosphere，81 (7)：859-866.

Bijlsma L，Serrano R，Ferrer C，et al.，2014. Occurrence and behavior of illicit drugs and metabolites in sewage water from the Spanish Mediterranean coast (Valencia region) [J]. Science of the Total Environment，487：703-709.

Boleda M R，Galceran M T，Ventura F，2009. Monitoring of opiates，cannabinoids and their metabolites in wastewater，surface water and finished water in Catalonia，Spain [J]. Water Research，43 (4)：1126-1136.

Boles T H, Wells M J M, 2010. Analysis of amphetamine and methamphetamine as emerging pollutants in wastewater and wastewater-impacted streams [J]. Journal of Chromatography A, 1217 (16): 2561-2568.

Campestrini I, Jardim W F, 2017. Occurrence of cocaine and benzoylecgonine in drinking and source water in the Sao Paulo State region, Brazil [J]. Science of the Total Environment, 576: 374-380.

Castiglioni S, Borsotti A, Senta I, et al., 2015. Wastewater analysis to monitor spatial and temporal patterns of use of two synthetic recreational drugs, ketamine and mephedrone, in Italy [J]. Environmental Science & Technology, 49: 5563-5570.

Castiglioni S, Zuccato E, Crisci E, et al., 2006. Identification and measurement of illicit drugs and their metabolites in urban wastewater by liquid chromatography-tandem mass spectrometry [J]. Analytical Chemistry, 78 (24): 8421-8429.

Cecinato A, Balducci C, Perilli M, 2016. Illicit psychotropic substances in the air: The state-of-art [J]. Science of the Total Environment, 539: 1-6.

Cecinato A, Romagnoli P, Perilli M, et al., 2014. Psychotropic substances in indoor environments [J]. Environment International, 71: 88-93.

Chiaia A C, Banta-Green C, Field J, 2008. Eliminating solid phase extraction with large-volume injection LC/MS/MS: Analysis of illicit and legal drugs and human urine indicators in US wastewaters [J]. Environmental Science and Technology, 42 (23): 8841-8848.

Cosenza A, Maida C M, Piscionieri D, et al., 2018. Occurrence of illicit drugs in two wastewater treatment plants in the South of Italy [J]. Chemosphere, 198: 377-385.

Deng Y, Guo C, Zhang H, et al., 2020. Occurrence and removal of illicit drugs in different wastewater treatment plants with different treatment techniques [J]. Environmental Sciences Europe, 32: 1-9.

De-Solla S R, Gilroy E A M, Klinck J S, et al., 2016. Bioaccumulation of pharmaceuticals and personal care products in the unionid mussel Lasmigona costata in a river receiving wastewater effluent [J]. Chemosphere, 146: 486-496.

Du P, Li K, Li J, et al., 2015. Methamphetamine and ketamine use in major Chinese cities, a nationwide reconnaissance through sewage-based epidemiology [J]. Water Research, 84: 76-84.

Evgenidou E N, Konstantinou I K, Lambropoulou D A, 2015. Occurrence and removal of transformation products of PPCPs and illicit drugs in wastewaters: A review [J]. Science of the Total Environment, 505: 905-926.

Gago-Ferrero P, Diaz-Cruz M S, Barcelo D, 2011. Fast pressurized liquid extraction with in-cell purification and analysis by liquid chromatography tandem mass spectrometry for the determination of UV filters and their degradation products in sediments [J]. Analytical and Bioanalytical Chemistry, 400 (7): 2195-2204

Gao T, Du P, Xu Z, et al., 2017. Occurrence of new psychoactive substances in wastewater of major Chinese cities [J]. Science of the Total Environment, 575: 963-969.

Greenhagen A M, Lenczewski M E, Carroll M, 2014. Natural attenuation of pharmaceuticals and an illicit drug in a laboratory column experiment [J]. Chemosphere, 115: 13-19.

Guo C, Zhang T, Hou S, et al., 2017. Investigation and application of a new passive sampling technique for in situ monitoring of illicit drugs in waste waters and rivers [J]. Environmental Science & Technology, 51: 9101-9108.

Hu P, Guo C, Zhang Y, et al., 2019. Occurrence, distribution and risk assessment of abused drugs and their metabolites in a typical urban river in north China [J]. Frontiers of Environmental Science and Engineering, 13 (4): 1-11.

Huerta-Fontela M, Galceran M T, Martin-Alonso J, et al., 2008. Occurrence of psychoactive stimulatory drugs in wastewaters in north-eastern Spain [J]. Science of the Total Environment, 397 (1-3): 31-40.

Huestis M A, Cone E J, 1998. Differentiating new marijuana use from residual drug excretion in occasional marijuana users [J]. Journal of Analytical Toxicology, 22 (6): 445-454.

Hummel D, Loffler D, Fink G, et al., 2006. Simultaneous determination of psychoactive drugs and their metabolites in aqueous matrices by liquid chromatography mass spectrometry [J]. Environmental Science & Technology, 40 (23): 7321-7328.

Ivanová L, Mackuak T, Grabic R, et al., 2018. Pharmaceuticals and illicit drugs—A new threat to the application of sewage sludge in agriculture [J]. Science of the Total Environment, 634: 606-615.

Jiang J J, Lee C L, Fang M D, et al., 2015. Impacts of emerging contaminants on surrounding aquatic environment from a youth festival [J]. Environmental Science & Technology, 49 (2): 792-799.

Jurado A, Mastroianni N, Vazquez-sune E, et al., 2012. Drugs of abuse in urban groundwater, a case study: Barcelona [J]. Science of the Total Environment, 424: 280-288.

Kasprzyk-Hordern B, Dinsdale R M, Guwy A J, 2008. Multiresidue methods for the analysis of pharmaceuticals, personal care products and illicit drugs in surface water and wastewater by solid-phase extraction and ultra performance liquid chromatography-electrospray tandem mass spectrometry [J]. Analytical and Bioanalytical Chemistry, 391: 1293-1308.

Kasprzyk-Hordern B, Dinsdale R M, Guwy A J, 2009. The removal of pharmaceuticals, personal care products, endocrine disruptors and illicit drugs during wastewater treatment and its impact on the quality of receiving waters [J]. Water Research, 43 (2): 363-380.

Kasprzyk-Hordern B, 2010. Pharmacologically active compounds in the environment and their chirality [J]. Chemical Society Reviews, 39 (11): 4466-4503.

Khan U, Van Nuijs A L N, Li J, et al., 2014. Application of a sewage-based approach to assess the use of ten illicit drugs in four Chinese megacities [J]. Science of the Total Environment, 487: 710-721.

Lai F Y, O'Brien J, Bruno P, et al., 2016. Spatial variations in the consumption of illicit stimulant drugs across Australia: A nationwide application of wastewater-based epidemiology [J]. Science of the Total Environment, 568: 810-818.

Li K, Du P, Xu Z, et al., 2016. Occurrence of illicit drugs in surface waters in China [J]. Environmental Pollution, 213: 395-402.

Mastroianni N, Bleda M J, Lopez-De-Alda M, et al., 2016. Occurrence of drugs of abuse in surface water from four Spanish river basins: Spatial and temporal variations and environmental risk assessment [J]. Journal of Hazardous Materials, 316: 134-142.

Mastroianni N, Postigo C, Lopez-De-Alda M, et al., 2015. Comprehensive monitoring of the occurrence of 22 drugs of abuse and transformation products in airborne particulate matter in the city of Barcelona [J]. Science of the Total Environment, 532: 344-352.

Mastroianni N, Postigo C, De-Alda M L, et al., 2013. Illicit and abused drugsin sewage sludge: Method optimization and occurrence [J]. Journal of Chromatography A, 1322: 29-37.

Mendoza A, de Alda M L, González-Alonso S, et al., 2014. Occurrence of drugs of abuse and benzodiazepines in river waters from the Madrid Region (Central Spain) [J]. Chemosphere, 95: 247-255.

Metcalfe C, Tindale K, Li H X, et al., 2010. Illicit drugs in Canadian municipal wastewater and estimates of community drug use [J]. Environmental Pollution, 158 (10): 3179-3185.

Nefau T, Karolak S, Castillo L, et al., 2013. Presence of illicit drugs and metabolites in influents and effluents of 25 sewage water treatment plants and map of drug consumption in France [J]. Science of the Total Environment, 461: 712-722.

Pal R, Megharaj M, Kirkbride K P, et al., 2011. Biotic and abiotic degradation of illicit drugs, their precursor, and by-products in soil [J]. Chemosphere, 85: 1002-1009.

Pal R, Megharaj M, Kirkbride K P, et al., 2015. Adsorption and desorption characteristics of methamphetamine, 3,4-methylenedioxymethamphetamine, and pseudoephedrine in soils [J]. Environmental Science and Pollution Research International, 22: 8855-8865.

Pedrouzo M, Borrull F, Pocurull E, et al., 2011. Drugs of abuse and their metabolites in waste and surface waters by liquid chromatography-tandem mass spectrometry [J]. Journal of Separation Science, 34 (10): 1091-1101.

Pereira C D S, Maranho L A, Cortez F S, et al., 2016. Occurrence of pharmaceuticals and cocaine in a Brazilian coastal zone [J]. Science of the Total Environment, 548-549: 148-154.

Plosz B G, Reid M, Borup M, et al., 2013. Biotransformation kinetics and sorption of cocaine and its metabolites and the factors influencing their estimation in wastewater [J]. Water Research, 47 (7): 2129-2140.

Stein K, Ramil M, Fink G, et al., 2008. Analysis and sorption of psychoactive drugs onto sediment [J]. Environmental Science and Engineering, 42: 6415-6423.

Subedi B, Kannan K, 2014. Mass loading and removal of select illicit drugs in two wastewater treatment plants in New York State and estimation of illicit drug usage in communities through wastewater analysis [J]. Environmental Science & Technology, 48 (12): 6661-6670.

United Nations Office on Drugs and Crime, 2013. The challenge of new psychoactive substances [R]. Vienna: UNODC.

United Nations Office on Drugs and Crime, 2018. Word drug report 2018 [R]. Vienna: UNODC.

Van-Nuijs L V, Mougel J F, Tarcomnicu I, et al., 2011. Sewage epidemiology—a real-time approach to estimate the consumption of illicit drugs in Brussels, Belgium [J]. Environment International, 37 (3): 612-621.

Wang D, Zheng Q, Wang X, et al., 2016. Illicit drugs and their metabolites in 36 rivers that drain into the Bohai Sea and North Yellow Sea, North China [J]. Environmental Science and Pollution Research, 23 (16): 16495-16503.

Wang Q, Jin Y Q, Li X D, et al., 2014. PCDD/F emissions from hazardous waste incinerators in China [J]. Aerosol and Air Quality Research, 14 (4): 1152-1159.

Yadav M K, Short M D, Aryal R, et al., 2017. Occurrence of illicit drugs in water and wastewater and their removal during wastewater treatment [J]. Water Research, 124: 713-727.

Yao B, Lian L, Pang W, et al., 2016. Determination of illicit drugs in aqueous environmental samples by online solid-phase extraction coupled to liquid chromatography-tandem mass spectrometry [J]. Chemosphere, 160: 208-215.

Zhang Y, Zhang T, Guo C, et al., 2017. Drugs of abuse and their metabolites in the urban rivers of Beijing, China: Occurrence, distribution, and potential environmental risk [J]. Science of the Total Environment, 579: 305-313.

Zuccato E, Castiglioni S, Bagnati R, et al., 2008. Illicit drugs, a novel group of environmental contaminants [J]. Water Research, 42 (4): 961-968.

第3章 精神活性物质的分析检测方法

3.1 样品的采集与前处理方法

精神活性物质在不同的环境介质中存在多种形态和结合物,给分析测定带来诸多不确定性。常见的形态有药物母体化合物(游离型)、与生物大分子形成的结合态(与蛋白结合型)、代谢物、缀合物(与葡萄糖醛酸、硫酸形成的苷、酯等)。生物样品的组分很复杂,存在很多内源性成分(蛋白质、多肽、脂肪酸、色素、类脂等)和各种潜在的干扰物,还有一些共存药物以及各种外源性物质也会影响测定。所以,样品的前处理是生物体内精神活性物质分析中最为关键和重要的环节,也是整个分析过程中最为烦琐和困难的一部分。提取、净化的质量不仅关系到分析检验的速度和检验结果的准确性、精密度和可靠性,而且会影响分析仪器的使用寿命。

3.1.1 液体样品

3.1.1.1 样品的采集与保存

(1) 样品的采集

采样是环境监测质量控制的基础。现场采样后带回实验室进行分析是环境水质监测最常用的方法,然而主动采样仅能反映水环境中污染物的瞬时污染水平,无法反映被监测区域在一定时期内的实际污染情况,况且现场采样获得的数据严重依赖于预处理过程,不能准确反映水体中的真实浓度及其生物可利用度。目前常见的解决方法是增加采样频率或安装自动采样设备,保证在一定时间周期内的采样次数,但是这会增加测定成本,而且在许多情况下是没法实现的。另外还有许多与生物相关的监测方法可用于污染物浓度监测,但都存在各种各样的问题和难以控制的影响因素,如新陈代谢、降解、排泄、生长发育率等。

原位被动采样技术可以在不影响母体溶液浓度和周围环境的前提下在线收集目标检测物质,积累在采样器中的目标检测物质的浓度可以真实反映其在被测环境中的真实浓度或者是时间平均浓度。

(2) 样品的运输与保存

样品在运输与保存过程中的稳定性会对实验结果产生一定的影响。Castiglioni等(2006)在污水处理厂进水中添加了一定量的甲基苯丙胺等精神活性物质,4℃避光保存3天后,发现甲基苯丙胺最稳定,几乎没有降解。Postigo团队(2008a)分别调查了地表水和超纯水中可卡因的光降解情况,发现两种介质中可卡因均发生了光降解,但是在地表水介质中可卡因降解效率更高,说明自然水体中还存在对精神活性物质的生物降解过程。因此,为了尽量减小目标检测物质因生物降解、光降解或水解等对实验数据产生的影响,采样时应用洁净的棕色玻璃瓶装取水样,现场进行酸化处理后,4℃冷藏并尽快运回实验室分析。如需间隔较长时间后再进行分析,则需要用铝箔包裹含有水样的玻璃瓶,保存在实验室-20℃冰箱中。

3.1.1.2 样品的富集与净化

(1) 固相萃取技术

目前,国内外对精神活性物质的分离和净化多采用固相萃取技术(solid-phase extraction, SPE)。不同类型的固相萃取柱〔如 Oasis HLB, Oasis MCX, Oasis MAX, Oasis WAX, Strata-X, Strata-XC, Strata-XCW, Isolute ENV+, Isolute C18 (EC), Isolute PH, Isolute HCX, Bond Elut Certify, 和 Chromabond Easy〕被应用于监测一种或一种以上的精神活性物质。固相萃取的过程主要包括活化、进样、淋洗和洗脱四个部分(Gheorghe et al., 2008; Bueno et al., 2011; Postigo et al., 2010),如图 3-1 所示。

① 活化。萃取样品之前,选择适当的溶剂预淋洗 SPE 小柱,活化平衡固相萃取填料。活化平衡的目的是去除可能杂质,使吸附相溶剂化,提高重现性,保持小柱 pH 与样品相同,使分析目标物保持中性状态。目前,多用一定体积的甲醇和超纯水对 SPE 小柱进行活化。

② 进样。为避免固体颗粒物堵塞 SPE 小柱,在进样前先采用 0.45μm 的玻璃纤维滤膜对水样进行过滤。然后将水样以 1~2mL/min 的速度通过 SPE 小柱,对目标检测物进行选择性富集。

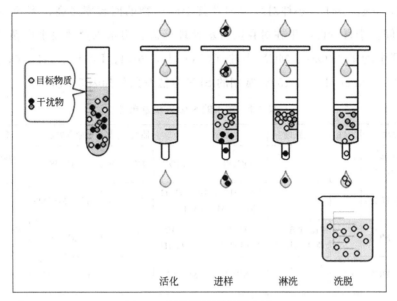

图 3-1　固相萃取过程示意图

③ 淋洗。进样过程中，目标检测物以及一些相似的干扰物都被吸附在填料上，直接洗脱会影响实验结果。因此，使用适当的溶液淋洗 SPE 小柱，能够使先前保留的干扰物选择性地被淋洗掉，目标物保留在吸附剂上。洗涤溶液一般选择与溶解样品相同的溶液或不能洗脱目标化合物的溶液。典型的洗涤溶液比洗脱溶剂的有机或无机盐的含量相对较少，可以通过调节溶液 pH 来实现，或者使用与洗脱溶液极性完全不同的溶剂或混合溶剂。通常洗涤溶液用量不超过一个柱体积。

④ 洗脱。通常使用适当的溶剂淋洗吸附剂，目标物从吸附剂上洗脱下来。一般两次少量洗脱方法比一次大体积洗脱更有效。每次洗脱过程速度较慢可以充分洗脱目标物，得到较高的回收率。

目前，针对精神活性物质的固相萃取选择回收率较高、应用比较广泛的 SPE 小柱有 Oasis HLB 和 Oasis MCX 两种。Van-Nuijs 等采用 Oasis HLB 和 Oasis MCX 小柱对废水中包括苯丙胺、甲基苯丙胺、美沙酮、可卡因等 9 种精神活性物质进行了富集检测，比较了 pH、洗脱液、填料层厚度对回收率的影响，发现除了爱冈宁甲基酯（EME）的回收率仅为 35％外，Oasis MCX（60mg，3mL）小柱对其余 8 种分析物的回收率都达 61％以上（Van-Nuijs et al.，2009）。Vazquez-Roig 等调查了 7 种 SPE 小柱在不同 pH、进样量、填料层厚度条件下对精神活性物质的回收率，得出 Oasis HLB（200mg，6mL）小柱（回收率在 33％~108％之间）是最佳选择（Vazquez-Roig et al.，2010）。Gheorghe 等（2008）研究得出 Oasis

HLB（500mg，6mL）小柱对可卡因及其中间药物的回收率最高，大约在70%～100%之间。李喜青课题组在对我国污水处理厂进、出水以及地表水中精神活性物质的检测中均采用Oasis MCX小柱（Li et al.，2014；Li et al.，2016；Khan et al.，2014；Du et al.，2015）。常用的SPE方法及条件如表3-1所示。

表3-1 常用的SPE方法及条件

提取方法	pH	洗脱剂	目标物质	回收率/%	检测方法	参考文献
SPE(Bond Elut Certify)	—	—	COC、BE、HER、MOR	87～109	GC-MS	Mari et al.，2009
SPE(Oasis HLB)	—	甲醇	COC、BE、AMP、METH、MDA、MDMA、KET	70～110	UPLC-MS/MS	Huerta-Fontela et al.，2007
SPE(Oasis MCX)	2	甲醇和含2%氨水的甲醇	COC、BE、HER、AMP、METH、THC—COOH	51～119	LC-MS	Ettore et al.，2008
SPE(Oasis MCX)	4	含5%氨水的甲醇	AMP、MDA、MDMA	101～137	LC-MS/MS	Gonzalez-Marino et al.，2009
On-line SPE	—	—	BE、HER、MOR、AMP、EPH	71～173	LC-MS/MS	Postigo et al.，2008b
SPE(Oasis MCX/HLB)	—	含2%氨水的甲醇	COC、BE、AMP、METH、MDA、MDMA	70～120	UPLC-MS/MS	Bijlsma et al.，2009
SPE(Oasis HLB)	7.9～8.1	甲醇	COC、BE、KET、MTD	64～120	LC-MS/MS	Vazquez-Roig et al.，2012
SPE(Oasis HLB)	—	含2%氨水的甲醇	COC、BE、COD、MOR、AMP、METH、MTD	71～102	LC-MS/MS	Vazquez-Roig et al.，2010
SPE(Oasis HLB)	2	甲醇	BE、MTD、EDDP	92～138	HPLC-MS/MS	Berdet et al.，2010
On-line SPE	—	—	MOR、EDDP、THC—COOH	—	LC-MS/MS	Mendoza et al.，2014

（2）半透膜渗透吸附装置技术

半透膜渗透吸附采样器（semipermeable membrane devices，SPMD），是由Huckins等于1990年提出的一种半透膜被动采样器，主要由一层中性脂质薄膜和填充着三油酸甘油酯的低密度聚乙烯管（厚约75～90μm）组成（Huckins et al.，1990）。利用半透膜渗透吸附采样器富集的化学反应动力学模型可以推算出目标污染物在水环境中的平均浓度，如公式(3-1)所示：

$$C_w = \frac{C_s}{V_s K_{sw} \left[1 - \exp\left(-\frac{R_s t}{V_s K_{sw}}\right)\right]} \tag{3-1}$$

式中 C_w——水环境中目标污染物的质量浓度，ng/L；

C_s——半透膜渗透吸附采样器中目标污染物在吸附剂上的质量比，ng/g；

V_s——采样体积，L；

K_{sw}——目标物在吸附相-水相中的分配系数，cm^3/cm^3；

R_s——采样速率，L/d；

t——采样时间，d。

其中，采样速率R_s不仅受污染物理化性质（主要是正辛醇-水分配系数）的影响，还会受到温度、湍流、pH等环境因素的影响。目前尚无法准确计算采样速率R_s的值，主要通过实验室静态模拟、实验室动态模拟、现场模拟等方法获取（屠腾等，2009）。另外，研究表明半透膜渗透吸附采样方法不适合检测药物类等极性有机化合物。

(3) 极性有机物一体化采样器技术

Álvarez等在1999年提出了以微孔膜材料包裹固相萃取介质颗粒的极性有机物综合采样器（polar organic chemical integrative sampler，POCIS），并于2005年使用极性有机物综合采样器在工业、农业、市政废水中采集到96种相关的有机物，如杀虫剂、处方药、非处方药等（Álvarez et al.，2007；Bayen et al.，2014）。然而，受制于极性有机物的性质以及采样器的有效工作面积，极性有机物综合采样器的采样速率相当低（0.1L/d左右）。到目前为止，尚没有可用的理论模型可基于目标物质的理化性质（例如正辛醇-水分配系数、酸度）预测极性有机物综合采样器的采样速率。因此在应用极性有机物综合采样器前，必须通过实验室校准实验来确定特定物质的采样速率。但由于缺乏可信的采样速率信息，也没有采样速率的标准校准程序，其在野外环境中的应用比较困难（Zhang et al.，2008）。

极性有机物综合采样器采样富集过程遵循动力学第一方程式，如公式(3-2)所示：

$$C_s = C_w \frac{K_u}{K_e} C_w K_{sw} \quad (3-2)$$

式中 C_s——极性有机物综合采样器固相吸附剂中目标污染物的吸附质量比，ng/g；

C_w——水中目标污染物的质量浓度，ng/L；

K_u，K_e——吸收和解吸速率常数，L/(g·d)；

K_{sw}——目标污染物在吸附相-水相中的分配系数，cm^3/cm^3。

动力采样阶段受环境因素影响，K_u远大于K_e，吸附相中污染物的浓度和累积时间有关，故$C_s = C_w K_u t$，引入采样速率得到公式(3-3)：

$$C_s = \frac{C_w R_s t}{M_s} \tag{3-3}$$

式中 C_s——极性有机物综合采样器固相吸附剂中目标污染物的吸附质量比，ng/g；

C_w——水中目标污染物的质量浓度，ng/L；

M_s——吸附相的质量数；

R_s——采样速率，L/d；

t——采样时间，d。

表 3-2 所示为近几年极性有机物综合采样器在水环境监测中的应用。与半透膜渗透吸附被动采样器一样，极性有机物综合采样器的采样速率目前尚无法通过参数准确计算，一般通过实验室模拟、现场模拟等方式推算。影响极性有机物综合采样器采样速率的环境因素与半透膜渗透吸附被动采样器差异不大，主要有流速、膜污染、pH 值和温度等。除此之外，采样速率还受到极性有机物综合采样器中微孔膜和填充吸附材料以及污染物自身理化性质（如正辛醇-水分配系数值）的影响（汪盼盼等，2016）。史晓东通过实验室动态实验研究了盐度、流速及目标物理化性质对磺胺类、大环类脂类、氯霉素类抗生素采样速率的影响，研究发现，盐度和流速对采样速率有显著影响，高盐度高流速时采样速率与正辛醇-水分配系数存在正相关关系，而且流速对采样速率的影响比盐度更大（史晓东，2014）。

极性有机物综合采样器是一种极性综合采样器，被开发作为一种类生物富集有机物的装置。极性有机物综合采样器弥补了半透膜渗透吸附被动采样器无法监测评估水样中极性污染物（$\lg K_{ow} < 4$）的不足。极性有机物综合采样器目前已在各种水体中得到应用，包括废水、饮用水、河湖等水体。在污染物监测方面的应用主要有药品和个人护理用品（pharmaceutical and personal care products，PPCPs）、内分泌干扰物（endocrine disrupting chemicals，EDCs）、极性农药和除草剂等污染物的监测。Bayen 等（2014）的研究表明，极性有机物综合采样器能够有效地监测热带水体中药物活性化合物（pharmaceutically active compounds，PhACs）、内分泌干扰物的浓度，在湍流状态下有着更高的采样速率，但极性有机物综合采样器不适合分子量较低的化合物的采样。Harman 等（2011）的研究显示，极性有机物综合采样器用于长期监测违禁药物的成本效益低，并且可以克服传统采样设备抽样缺乏代表性的问题。

（4）梯度扩散薄膜技术

梯度扩散薄膜技术（diffusive gradients in thin films，DGT），简称 DGT 技术，能够富集被监测物质，并能够根据被监测物质的富集量定量测定环境中该物质

表 3-2 近几年极性有机物综合采样器在水环境监测中的应用

分析物	基质	暴露时间/d	采样材料	检测设备	年份	参考文献
农药	地表水	14	200mg Oasis HLB，PES 膜(0.1μm)	UPLC-MS	2015	Guibal et al.，2015a
镇痛药、抗惊厥药、抗抑郁药、农药	地表水	30	200mg Oasis HLB，PES 膜(0.1μm)	LC-MS/MS	2015	Gonzalez-Rey et al.，2015
兽用抗生素、β-兴奋剂	地表水	22~52	200mg Oasis HLB，PES 膜(0.1μm)，暴露面积 41cm^2	HPLC-MS/MS	2015	Jaimes-Correa et al.，2015
极性农药及其代谢产物	地表水	14	200mg Oasis HLB，PES 膜(0.1μm)	UPLC-(Q-)TOF	2015	Guibal et al.，2015b
非甾体抗炎药	地表水	15	200mg Oasis HLB，PES 膜(0.1μm)，暴露面积 45.8cm^2	LC-MS/MS	2015	Tanwar et al.，2015
除草剂	地表水	2	200mg Oasis HLB，PES 膜(0.1μm)，暴露面积 41cm^2	LC-MS/MS	2014	Dalton et al.，2014
抗雄性激素药、杀真菌剂、阻燃剂、医药品	地表水	14	200mg Oasis HLB，Isolute ENV，PES 膜	RP-HPLC、GC-MS、LC-Q-TOF/MS	2014	Liscio et al.，2014
兴奋剂	污水	27	200mg Oasis HLB，PES 膜(0.1μm)，暴露面积 41cm^2	HPLC-MS/MS	2014	Boles et al.，2014
敌草隆	海水	14	200mg Oasis HLB，PES 膜(0.1μm)	LC-MS/MS	2014	Barranger et al.，2014

的有效态浓度。相比极性有机物综合采样器，DGT 技术是目前更为理想的元素形态采集和分析的方法。Chen 等在 2012 年首次成功将 DGT 应用于痕量有机污染物（抗生素）的测量中，他们选取 XAD18 树脂作为结合相并对 pH、离子强度和水流等条件进行了筛选（Chen et al.，2012）。Chen 等在 2013 年首次将 DGT 应用于实际水环境中，并证实其测定废水中抗生素的发生、转化和行为的效率极高（Chen et al.，2013）。2014 年，他们将 DGT 应用于测定磺胺甲噁唑、磺胺二甲嘧啶、磺胺二甲氧嘧啶和甲氧苄氨嘧啶四种抗生素在土壤中的迁移率（Chen et al.，2014）。之后，他们运用 DGT 评估了磺胺类和甲氧苄氨嘧啶在土壤中的解吸动力学（Chen et al.，2015）。DGT 应用在极性有机污染物的监测中收到了很好的效果，研究如何将其应用在精神活性物质的检测中，具有一定的科学意义和实用价值。

① DGT 装置。如图 3-2 所示（从右至左），DGT 装置由外至内依次由塑料外壳、滤膜、扩散膜和吸附膜组成。其中，塑料外壳主要起固定和保护作用，滤膜可

以将环境中的颗粒物阻隔在装置外，扩散膜能够使溶液态离子自由扩散，不同材质的吸附膜可以选择性地富集目标物质。DGT技术的关键就是能够定量地监测环境中目标物质的平均浓度。

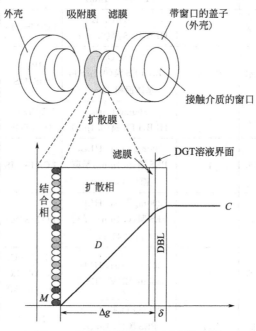

图 3-2　DGT 装置结构和原理示意图

② DGT 技术原理。由于吸附膜可以较为快速、稳定地结合目标物质，所以当目标物质自由扩散至扩散层和结合相之间时其浓度几乎为零，并且在扩散相内形成与外界物质浓度相关的浓度梯度。在富集一段时间后，目标物质的扩散通量可以通过菲克第一定律（扩散定律）计算，在确定结合相富集的量后，就可以求出环境中目标物质在一段时间内的平均浓度。

将 DGT 装置投放入含有一定浓度目标物质的溶液后，就能够迅速在扩散相形成稳定的扩散梯度，扩散通量的计算公式见公式(3-4)：

$$J = -D \frac{C' - C}{\Delta g + \delta} \tag{3-4}$$

式中　J——扩散通量；

　　　D——扩散系数；

　　　C'——位于扩散层和结合相之间的目标物质浓度；

　　　C——溶液中目标物质浓度；

　　　Δg——扩散层厚度；

δ——扩散边界层的厚度。

如果目标物质可以迅速被结合相吸附,并且具有足够强的相互作用力(稳定系数足够大),那么在吸附膜饱和前可以认为 C' 为零(Bijlsma et al.,2009)。实验证明,在具有一定流动性的实际水体中,扩散边界层的厚度(δ)远小于扩散层厚度(Δg),因此可以忽略不计,公式(3-4)由此简化为公式(3-5):

$$J = D \frac{C}{\Delta g} \tag{3-5}$$

式中　J——扩散通量;

　　　C——溶液中目标物质的实际浓度;

　　　D——扩散系数;

　　　Δg——扩散层厚度。

在一段富集时间 t 内,扩散通量还可以通过公式(3-6)求出:

$$J = \frac{M}{At} \tag{3-6}$$

式中　J——扩散通量;

　　　M——目标物质的质量;

　　　A——扩散面积;

　　　t——富集时间。

由公式(3-5)和公式(3-6),得出DGT监测目标物质的定量公式见公式(3-7):

$$C = \frac{M \Delta g}{DAt} \tag{3-7}$$

式中　C——水环境中目标物质的实际浓度;

　　　Δg——特定的扩散层厚度;

　　　M——目标物质富集在吸附膜上的待测物质的质量;

　　　t——富集时间;

　　　A——装置的扩散面积;

　　　D——目标物质的扩散系数。

公式(3-7)中,特定的扩散层厚度 Δg 和装置的扩散面积 A 已知,当确定富集时间 t(即DGT装置在水环境中的浸泡时间),计算出目标物质的扩散系数 D 和富集在吸附膜上的待测物质的质量 M,就可以推算出水环境中目标物质的实际浓度 C。

③ DGT在监测方面的优势。自从20世纪90年代出现以来,DGT技术就迅速发展成为最有潜力的原位被动采样技术之一。检测不同种类的目标物质可以选

用特定材质的结合相,用于不同环境条件下多种痕量元素的同时检测。和已有的其他原位被动采样技术相比,DGT技术在环境监测方面的优势如下(Huerta-Fontela et al.,2007):

ⅰ.DGT技术具有选择性。DGT技术只能检测那些能够通过扩散相并且被结合相选择性吸附的目标物质(可溶性形态)。

ⅱ.DGT技术是一种动力学采样技术。和传统的原位被动采样技术的测量机理不同,DGT技术不是平衡采样技术,而是只与目标物质的吸附动力学和扩散相的性质有关。

ⅲ.DGT装置可以用于定量检测痕量物质在监测期间的平均有效态浓度。

3.1.1.3 梯度扩散薄膜技术在监测水体中精神活性物质中的应用

DGT可以在设定的时间范围内,同时富集多种目标物质。实际环境水体中目标物质的浓度会随时间发生波动,DGT技术可以提供目标物质在监测期间的累积量和平均浓度,尤其适合于浓度波动较大的痕量系统原位富集监测。DGT可以原位监测目标物质的生物有效态,尽量减少对环境的影响,以保证结果的真实性,准确反映目标物质的天然有效态浓度水平。这些特点使得DGT技术在水中精神活性物质监测方面得到了广泛应用。

① 本课题组Guo等(2017)同时应用DGT和SPE两种方法对北京市地表水及某污水处理厂进水中的精神活性物质进行了检测。结果发现,在污水处理厂进水口检测到了较高浓度的甲基苯丙胺等精神活性物质,而在河流中的浓度较低。运用DGT和SPE两种方法得到的水体中精神活性物质的监测数据没有明显的差异,证实了DGT方法用于监测实际水体中精神活性物质的准确性和可靠性。连续7天的调查结果显示,监测期间DGT装置中麻黄碱的富集质量随时间呈线性增加,表明在7天的时间内树脂吸附膜未达到饱和,因此DGT装置可以取代高频率的主动采样,适于对水体中精神活性物质进行长时间监测。如图3-3所示为分别应用DGT技术和SPE技术对污水中AMP、KET和METH进行检测的浓度值比较,其中C_{DGT}和C_{SPE}分别表示DGT和SPE方法对污水中精神活性物质的检测浓度。

② 本课题组张艳(2017)通过对比4种不同类型吸附膜(XAD18、HLB、MCX和活性炭)的吸附效率和吸收动力学,4种不同洗脱液(甲醇、乙腈、含5%氨水的甲醇和含5%氨水的乙腈)的洗脱效率,确定最佳的pH和离子强度条件等,建立了DGT技术同时检测水环境中5种精神活性物质(甲基苯丙胺、苯丙

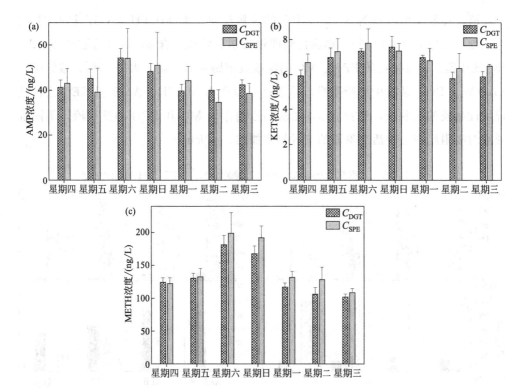

图 3-3 DGT 和 SPE 技术对污水中精神活性物质进行检测的浓度值比较

(a) 一周内污水中 AMP 浓度变化；(b) 一周内污水中 KET 浓度变化；
(c) 一周内污水中 METH 浓度变化

胺、氯胺酮、麻黄碱和甲卡西酮）的方法，并且通过对 DGT 方法与传统 SPE 方法的比较研究，验证了 DGT 检测精神活性物质方法的可行性和准确性。

研究发现除 HLB 膜外，其余 3 种吸附膜对目标药物的吸附效率均大于 80%，不同类型吸附膜对目标物质的吸附效率如表 3-3 所示。

表 3-3　不同类型吸附膜对目标物质的吸附效率　　　　　　单位：%

目标物质	XAD 膜吸附效率	HLB 膜吸附效率	MCX 膜吸附效率	活性炭吸附效率
METH	94.8(±4.6%)①	75.1(±4.1%)	93.0(±1.0%)	90.8(±0.3%)
AMP	91.5(±5.0%)	71.6(±4.1%)	95.9(±0.0%)	99.2(±0.0%)
KET	100.0(±0.0%)	89.7(±1.6%)	94.8(±3.2%)	87.6(±2.7%)
MC	97.4(±1.0%)	77.4(±4.8%)	100(±0.0%)	100(±0.0%)
EPH	80.1(±7.8%)	53.3(±5.2%)	100(±0.0%)	100(±0.0%)

① 括号内为 RSD（相对标准偏差）。

研究还发现甲醇作为 XAD 吸附膜的洗脱试剂，对 METH、AMP 和 KET 的洗脱效率均较高（>80%），都能得到理想的萃取效果。含5%氨水的乙腈对 XAD 和 HLB 膜上的目标物质 EPH、MC 的洗脱效率则相对较高，大于70%。最终确定 XAD 膜为 DGT 装置中的吸附膜，并选择甲醇作为 METH、AMP 和 KET 三种精神活性物质的洗脱液，选择含5%氨水的乙腈作为 MC 和 EPH 的洗脱液。不同洗脱液对吸附膜中精神活性物质的洗脱效率如图 3-4 所示。

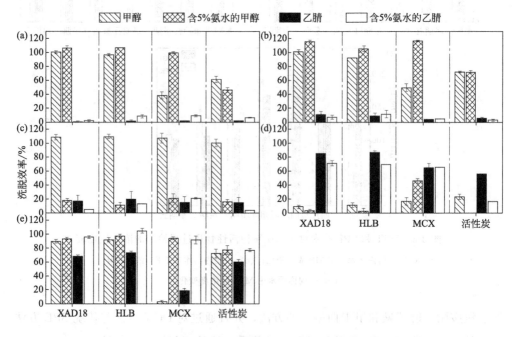

图 3-4 不同洗脱液对吸附膜中精神活性物质的洗脱效率
(a) METH；(b) AMP；(c) KET；(d) MC；(e) EPH

同时，该研究还考察了 DGT 装置中 DGT 外壳、扩散膜和滤膜对目标药物的吸附，发现 ABS 树脂（acrylonitrile butadiene styrene，ABS）的外壳和琼脂糖凝胶扩散膜对目标物质的吸附很少（<3%），对测定结果的影响不大。聚四氟乙烯滤膜（polytetrafluoroethylene，PTFE）和混合纤维酯滤膜（mixed cellulose esters membrane，MCE）对目标药物的吸附效果明显；尼龙滤膜（nylon membrane，NL）可以明显吸附目标药物 MC，吸附率大于10%；聚醚砜滤膜（polyethersulfone membrane，PES）对目标药物的吸附率小于5%，可以忽略不计。最终，确定 ABS 树脂外壳、琼脂糖凝胶扩散膜和 PES 滤膜为组成 DGT 装置的最佳组合。如图 3-5 所示为 DGT 装置不同组成部分对目标药物的吸附效率。

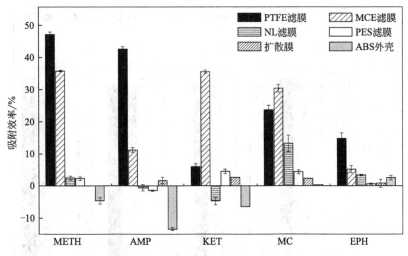

图 3-5 DGT 装置不同组成部分对目标药物的吸附效率

在自然环境条件下，不同水质参数指标，如 pH、离子强度等，会改变化学物质的形态，影响 DGT 装置对目标物质的结合程度以及速率，包括暴露时间，也会使得实验结果出现偏差。该研究通过对 5 种目标化合物的条件实验最终确定了 pH 和离子强度对 DGT 测定结果的影响较小，并确认在实际应用中以 7 天的暴露时间为最佳。如图 3-6 所示，为不同 pH 和 NaCl 离子强度对 DGT 吸附目标药物的影响，其中 C_{DGT} 为经过 DGT 吸附后的测量浓度，C_{Soln} 为溶液中的原始浓度。如图 3-7 所示为不同放置时间对 DGT 吸附目标药物的影响。

该研究在北京市主城区北运河水系的 6 条河流（沙河、温榆河、清河、北小河、坝河和通惠河）上共布设 15 个点位采集水样，采样点位如图 3-8 所示。通过 DGT 和 SPE 两种采样富集方法的检测数据的比对，发现结果没有明显的差异，证实了 DGT 方法用于监测实际水体中精神活性物质的准确性和可靠性，如图 3-9 所示。

3.1.2 固体样品

关于固体介质中精神活性物质的调查和研究非常有限，其提取方法具有很大的局限性和不确定性。表 3-4 总结了近年来文献中的固相介质包括沉积物和污泥中精神活性物质的提取和分析方法。目前最常见的萃取技术是首先通过加压液体萃取（pressurized liquid extraction，PLE）和固相支持液液萃取（supported liquid extraction，SLE）获得目标物质的萃取液，然后对萃取液进行固相萃取（solid-phase

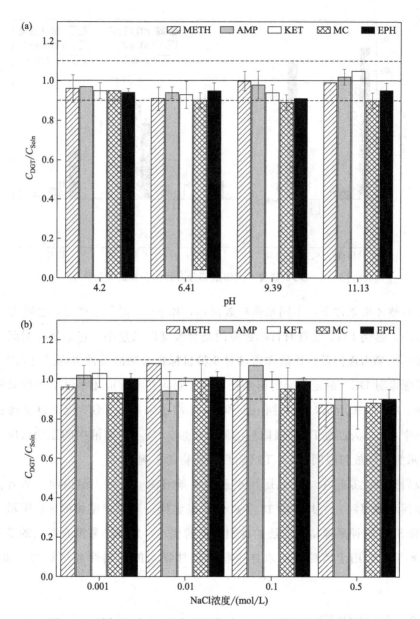

图 3-6 不同 pH 和 NaCl 离子强度对 DGT 吸附目标药物的影响

(a) pH 对吸附的影响；(b) 离子强度对吸附的影响（用不同浓度 NaCl 来表征）

extraction，SPE）浓缩。此外，Álvarez-Ruiz 等（2015）于 2015 年提出了一种基于 SLE 提取方法改进的多种精神活性物质的提取方法，而后通过固相萃取进行净化浓缩，最后利用 LC-MS/MS 对 41 种精神活性物质及其代谢物进行分析检测，实验结果表明此方法的回收率较高，检出限较低。

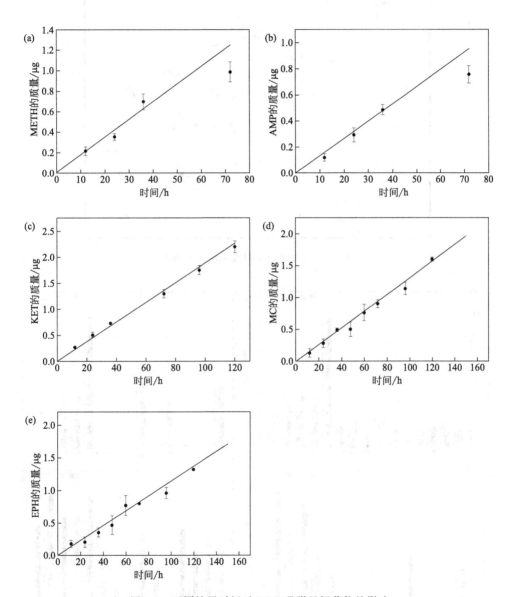

图 3-7 不同放置时间对 DGT 吸附目标药物的影响
(a) METH;(b) AMP;(c) KET;(d) MC;(e) EPH

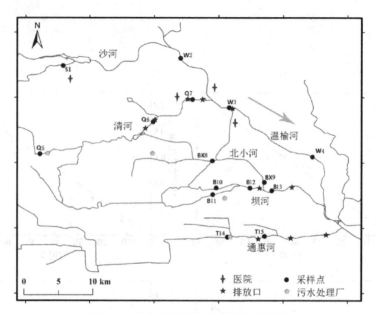

图 3-8　北京市城市河流采样点分布图

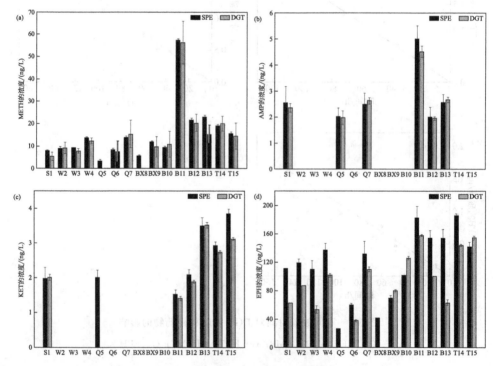

图 3-9　DGT 与 SPE 检测方法浓度对比
(a) METH；(b) AMP；(c) KET；(d) EPH

表3-4 不同固相介质中精神活性物质的提取方法和分析方法

介质类型	提取方法	分析方法	目标物质	回收率/%	检出限	参考文献
污泥	SLE	LC-MS	苯丙胺类	90	2μg/kg	Kaleta et al.，2006
污水悬浮颗粒物	SPE(Oasis HLB)	LC-MS/MS	苯丙胺类、可卡因类	—	0.01～0.16ng/g	Metcalfe et al.，2010
污泥	PLE 和 Al_2O_3	LC-ESI-MS/MS	可卡因类、苯丙胺类、阿片类、苯二氮䓬类、致幻剂类、大麻类	5～135	0.5～6.4ng/L	Mastroianni et al.，2013
污水悬浮颗粒物	PLE 和 SPE (Oasis MCX)	LC-MS/MS	苯丙胺类、大麻类、吗啡	3～101	0.1～3.1ng/g	Senta et al.，2013
污泥	PLE 和 CH_2Cl_2	LC-MS/MS	尼古丁、阿片类、生物碱类	44～95	0.5～10μg/kg	Arbelaez et al.，2014
污泥	甲醇和纯水	LC-MS/MS	精神活性物质	17～126	0.6～19.9ng/g	Gago-Ferrero et al.，2015

3.1.3 生物样品

目前关于生物样品中精神活性物质的研究较少。文献中关于生物样品的前处理和生物样品中精神活性物质的提取对象主要包括人和动物毛发以及小型模式生物。

头发中精神活性物质的含量能够反映一个人长期使用精神活性物质的历史，因此头发中精神活性物质的含量检测越来越受到重视。由于头发中精神活性物质含量较低，其前处理是检测过程中很重要的一步。其中，萃取过程又是最关键的一步。萃取效率取决于基质的状态、被测精神活性物质的分子结构、溶剂的极性、萃取方式（消解、超声、振荡等）等条件。目前提取头发样品中精神活性物质的方法主要有液相萃取、固相萃取和超临界流体萃取。

① 液相萃取。Meng 等（2009）采用 NaOH 消解头发中的 4 种苯丙胺类精神活性物质，并加入萃取溶剂提高回收率，分别考察了不同萃取溶剂甲苯、环己烷、乙酸乙酯和氯仿的萃取效果。结果表明，萃取效率无明显差别，其回收率在93%～104%之间，相对标准偏差可控制在14%～19%以内，准确性高，重复性较好。

② 固相萃取。固相萃取（SPE）是固体介质最常见的前处理方式。Gaillard 等（1997）采用 C18 小柱分离了头发中 7 种阿片类和可卡因类精神活性物质。该方法的精密度较高，相对标准偏差可控制在 5% 以内，回收率除爱冈宁甲基酯偏低是52.1%外，其他 6 种精神活性物质的回收率皆在 86%～93% 之间。Girod 等

(2000）采用 SPE 提取头发中的吗啡、可卡因和美沙酮等 7 种精神活性物质，方法的萃取回收率在 71%～103% 之间，相对标准偏差在 10% 以内。

③ 超临界流体萃取。Cirimele 等（1995）采用超临界流体萃取（SFE）方法提取头发中的可待因、吗啡和 6-单乙酰吗啡 3 种精神活性物质，并选取 CO_2 和甲醇/三乙胺/水（体积比为 2∶2∶1）组成的改性剂。方法回收率在 53%～96% 之间，相对标准偏差在 17% 以内。Allen 等（2000）首次使用 SFE 方法检测头发中的 3,4-亚甲基二氧基苯丙胺（MDA）、3,4-亚甲基二氧基甲基苯丙胺（MDMA）和 3,4-亚甲基二氧基乙基苯丙胺（MDEA）3 种苯丙胺类精神活性物质，方法回收率在 77%～85% 之间。

目前，对于小型模式生物体中精神活性物质的前处理方法研究不多。Gay 等（2013）检测了环境浓度水平（20ng/L）暴露下欧洲鳗鱼体内的可卡因含量。研究者分别分离出欧洲鳗鱼的脑、鳃、肝、肾、肌肉、性腺、脾脏、消化道和背部皮肤，并对它们进行预处理，首先对分离得到的组织进行细胞破碎，然后在组织匀浆中添加磷酸氢二钠和氯仿等提取液进行提取，最后通过高效液相色谱（HPLC）进行检测，结果发现，几乎所有的鱼体组织中都有可卡因的残留。此外，Bagnall 等（2013）研究了精神活性物质在水生植物和底栖生物体内的富集作用，针对含甲基苯丙胺和苯丙胺等精神活性物质的生物样品的前处理方法进行了优化，最终利用高效液相色谱-串联质谱进行分析检测，方法的回收率在 62%～76% 之间。

3.2 精神活性物质的仪器检测

精神活性物质在环境中的含量很低，一般为痕量（10^{-12}）、超痕量（10^{-15}）水平，只有具备超高灵敏度的分析设备、良好的净化技术以及特异性的分离手段才能满足分析要求。因此精神活性物质分析是典型的痕量多组分定性定量分析，对分析方法的特异性、选择性和灵敏度要求很高。另外，精神活性物质分析检测技术对吸毒等犯罪事件的现场排查与物证提取也起着至关重要的作用，可有效地打击犯罪、固定证据和维护社会治安，也已成为公共安全领域的研究热点之一。

近年来，随着世界经济全球化及快速发展，精神活性物质泛滥呈现日益蔓延的趋势，对社会的公共安全、医疗卫生等造成较大威胁，特别是对青少年的身心健康造成极大危害，引起各国政府的高度关注。精神活性物质的扩散对其检测构成挑战，因此，无论在科研领域、禁毒领域还是医疗领域，对精神活性物质，特别是新型精神活性物质的检测都是十分重要的。目前，精神活性物质的检测主要使用 LC-

MS、GC-MS 和其他仪器联用技术。

3.2.1 色谱质谱检测方法

污水和地表水中的精神活性物质及其代谢物的浓度大多在纳克/升水平，因此，测定时需要使用高灵敏度和特异性的分析技术。

气相色谱-质谱法（gas chromatography-mass spectrometry，GC-MS）具有分离效能好、灵敏度高、定性准确和分析速度快等优点，适合热稳定性好、容易气化的物质的检测。对于极性强、挥发性低、热稳定性差的物质则需要衍生化后再进行分析。衍生化不仅可以改善分析对象的挥发性、峰形、分离度，还可以同时提高检测的灵敏度，但是衍生化过程一般较为复杂。因此，气相色谱-质谱法、气相色谱-离子阱串联质谱法（gas chromatography-ion trap tandem spectrometry，GC-IT-MS/MS）一般不用于精神活性物质测定。

与气质联用技术相比，液质联用技术省去了衍生化步骤，避免了热不稳定物质受热分解给检测带来的影响。高效液相色谱-质谱（high performance liquid chromatography-mass spectrometry，HPLC-MS）和高效液相色谱-串联质谱（high performance liquid chromatography-tandem mass spectrometry，HPLC-MS/MS）以及超高效液相色谱-串联质谱（ultra-high performance liquid chromatography-tandem mass spectrometry，UPLC-MS/MS）是目前主要用于精神活性物质测定的手段。目前，除上述常用的三种方法，还有液相色谱-高分辨质谱（liquid chromatography-high resolution mass spectrum，LC-HRMS）、液相色谱-四极杆串联飞行时间质谱法（liquid chromatography-quadrupole time-of-flight mass spectrometry，LC-QTOF-MS）等多种成熟的检测技术。

液相色谱（liquid chromatography，LC）与串联质谱（tandem MS）或四极杆串联飞行时间质谱（quadrupole time-of-light mass spectrometry，QTOF-MS）的联用，可以给出更多分子碎片的信息。因此本书重点介绍应用 UPLC-MS/MS 方法检测精神活性物质。

（1）色谱柱

从目前发表的相关文献看，应用高效液相色谱（HPLC）和超高效液相色谱（UPLC）串联质谱方法分析精神活性物质，采用的色谱柱为 C18 柱。C18 是非极性烷烃类化学键合相色谱柱，具有机械强度高、价格便宜、分辨率高、适用范围广和可用的溶剂种类多等优点，C18 柱基质材料上键合官能团的含碳量一般为 12%～18%，采用极性溶剂洗脱，能够有效地分离化合物，可以对大多数精神活性物质及其代谢物进行色谱分离，对于一些极性更强的精神活性物质代谢物，如芽子碱甲酯，可以更好地解吸。据相关文献报道，使用超高效液相色谱（UPLC）可以提高分析方法的灵敏度，并缩短分析时间，但是由于色谱峰狭窄，需要具有能快速扫描的质谱仪。

（2）流动相

用于分离的流动相组成受到 MS 检测技术的影响。甲醇和乙腈是分析精神活性物质常用的流动相，乙腈的洗脱能力要优于甲醇，分离效果更好，且基线更加稳定。实验过程中，通常根据目标精神活性物质的数量和极性选择不同的流动相。目前文献报道的流动相主要有稀释的酸溶液（甲酸或乙酸）和有机溶剂（乙腈或甲醇）。洗脱程序一般都采用梯度洗脱，尤其是当检测的目标物质多于一种时，必须要使用梯度洗脱。

（3）离子源及采集模式

电喷雾（ESI）离子源是专用于电离药物及其代谢物的 MS 离子源。这种离子源提供了更好的分析性能，但是易受到基质效应的影响，即共存物质的存在会引起分析物电离信号的抑制或增强。因此复杂的环境样品，如污水处理厂的进水和出水，比"干净"的样品（如河水或湖水样品）受基质效应的影响更为明显。大气压化学电离源（APCI）被认为对基质干扰较小，但不适用于所有物质，特别是极性较大的物质（如吗啡和芽子碱甲酯等）。利用电喷雾（ESI）离子源检测精神活性物质时，除极少数的负离子代谢物如 THC—COOH 外，大部分精神活性物质阳离子化检测效果较好。

到目前为止，大多数精神活性物质的分析方法都是使用三重四极杆（triple quadrupoles）或四极线性离子阱（quadrupole-linear ion-trap）仪器来定量测定分析物。在这些情况下，选择离子监测（selected ion monitoring，SIM）采集模式提供最佳的灵敏度和选择性，至少记录两个特定的转换，同时使用同位素稳定的内标可以对每种物质进行准确的定量测定。

（4）五种精神活性物质的检测

应用 UPLC-MS/MS 方法同时检测五种精神活性物质（甲基苯丙胺、苯丙胺、氯胺酮、麻黄碱、羟亚胺）。UPLC-MS/MS 测定条件：液相色谱分析柱为 WATERS ACQUITY UPLC BEH HILIC 色谱柱（2.1mm×100mm，1.7μm）（由 Waters 公司生产，该公司位于美国马萨诸塞州 Milford 市）。流动相 A 为 10mmol/L 甲酸铵和 0.2% 甲酸的水溶液，流动相 B 包含 90% 乙腈、10mmol/L 甲酸铵、0.2% 甲酸和 10% 水。梯度洗脱程序见表 3-5。柱温为 30℃，进样量为 1μL（Zhang et al.，2017）。

表 3-5 梯度洗脱程序

时间/min	流动相 A 比例/%	流动相 B 比例/%	流速/(mL/min)	曲线数量
初始	0	100	0.40	6
0.1	30	70	0.40	6
4.9	50	50	0.40	6
6	0	100	0.40	6
9	0	100	0.40	6

质谱分析采用 Triple Quad 6500 三重四极杆质谱分析仪（ABSCIEX，美国），在多反应监控（multiple reaction monitoring，MRM）模式下对目标物质进行定量分析。电离源采用电喷雾正离子模式（ESI＋），毛细管电压为 5.5kV，锥孔电压为 30V，离子源温度为 550℃，碰撞气 9psi（1psi＝6894.757Pa），脱溶剂气压力为 35psi。详细质谱参数见表 3-6。

表 3-6 目标物质的特征选择离子及质谱条件

目标物质	母离子质荷比 (m/z)	定量离子质荷比 (m/z)	碰撞电压/V	定性离子质荷比 (m/z)	碰撞电压/V
METH	150.1	119.1	16.0	91.0	26.0
AMP	136.1	91.0	23.0	119.1	13.0
KET	238.2	125.1	40.0	207.1	20.0
EPH	166.0	148.1	17.0	133.2	28.0
HY	238.0	163.1	32.0	125.1	45.0

3.2.2 其他检测技术

传统的毒品检测技术包括 HPLC-MS/MS、GC-MS 等色谱质谱联用方法都已在科学研究过程中被证实稳定可靠，同时随着新仪器的推出，新的分析方法例如离子迁移谱（ion mobility spectrometry）技术、毛细管电泳（capillary electrophoresis）、酶联免疫法等也将越来越多。

（1）三重四极-飞行时间质谱技术

Hernandez 等（2014）通过研究超过 65 种化合物，表明三重四极-飞行时间质谱技术（triple quadrupole time-of-flight mass spectrometry，QQQ-TOF-MS）适用于现代药物化学或者法庭毒物学，可以在无需提取或者注射的情况下，对新化合物进行分析。Fornal（2014）利用 QQQ-TOF-MS 技术，研究了卡西酮类精神活性物质在碰撞诱导时的解离规律，指出根据化学结构的不饱和度以及氨基基团的特性，可将常见的卡西酮分为9类，并且给出了可能的裂解方式、主要碎片离子和部分高级产物离子。Sekula等（2012）采用该项技术记录MS/MS模式下全扫描精确质谱，指出这是精神活性物质快速定性的最有价值的工具。

（2）石墨印刷电极技术

Smith等（2014a，2014b）利用金属修饰的丝网印刷电化学传感器（screen-printed electrochemical sensors，SPES）研究了精神活性物质与合成大麻素的电化学信号，首次报道了一种利用石墨丝网印刷电极技术（graphite screen-printed electrode，GSPE）快速准确定量卡西酮衍生物类化合物的方法。

（3）酶联免疫法（enzyme-linked immunosorbent assay，ELISA）

1971年瑞典学者Engvail和Perlmann、荷兰学者Van Weerman和Schuurs分别报道将免疫技术发展为检测体液中微量物质的固相免疫测定方法，即酶联免疫吸附测定法。ELISA已成为目前分析化学领域中的前沿课题，它是一种特殊的试剂分析方法，是在免疫酶技术（immunoenzymatic techniques）的基础上发展起来的一种新型的免疫测定技术。

Arntson等（2013）克服了合成大麻素不与传统大麻抗体交联的缺点，利用酶联免疫吸附测定法，使用两种ELISA吸附剂检测多个尿样中的某种合成大麻素，结果表明其代谢产物的检出限低至5ng/mL。

参考文献

史晓东，2014.利用被动采样方法研究药物和内分泌干扰物的河口环境行为［D］.上海：华东师范大学.

屠腾，王红玉，李佳兴，等，2009.半透膜被动采样装置（SPMD）对水中典型酚类内分泌干扰物的富集研究［J］.中国科技论文在线，4（5）：319-323.

汪盼盼，王静，刘铮铮，等，2016.几种常见被动采样技术在水环境中研究进展［J］.环境监控与预警，8（4）：31-36.

张艳，2017.水环境中精神活性物质的分析方法及其应用研究［D］.北京：中国环境科学研究院.

Allen D L，Oliver J S，2000. The use of supercritical fluid extraction for the determination of amphetamines in hair［J］. Forensic Science International，107（1-3）：191-199.

Álvarez D A，Huckins J N，Petty J D，et al.，2007. Chapter 8 Tool for monitoring hydrophilic contaminants in water：Polar organic chemical integrative sampler (POCIS)［J］. Comprehensive Analytical Chemistry，48（06）：171-197.

Álvarez-Ruiz R，Andres-Costa，M J，Andreu V，et al.，2015. Simultaneous determination of traditional and emerging illicit drugs in sediments，sludges and particulate matter［J］. Journal of

Chromatography A, 1405: 103-115.

Amanda A, Bill O, Denise L, et al., 2013. Validation of a novel immunoassay for the detection of synthetic cannabinoids and metabolites in urine specimens [J]. Journal of Analytical Toxicology, 37 (5): 284-290.

Arbelaez P, Borrull F, Marce R M, et al., 2014. Simultaneous determination of drugs of abuse and their main metabolites using pressurized liquid extraction and liquid chromatography-tandem mass spectrometry [J]. Talanta, 125, 65-71.

Arntson A, Ofsa B, Lancaster D, et al., 2013. Validation of a novel immunoassay for the detection of synthetic cannabinoids and metabolites in urine specimens [J]. Journal of Analytical Toxicology, 37 (5): 284-290.

Bagnall J, Malia L, Lubben A, et al., 2013. Stereo selective biodegradation of amphetamine and methamphetamine in river microcosms [J]. Water Research, 47: 5708-5718.

Barranger A, Akcha F, Rouxel J, et al., 2014. Study of genetic damage in the Japanese oyster induced by an environmentally-relevant exposure to diuron: Evidence of vertical transmission of DNA damage [J]. Aquatic Toxicology, 146: 93-104.

Bayen S, Segovia E, Loh L L, et al., 2014. Application of Polar Organic Chemical Integrative Sampler (POCIS) to monitor emerging contaminants in tropical waters [J]. Science of the Total Environment, 482-483: 15-22.

Berdet J D, Brenneisen R, Mathieu C, 2010. Analysis of llicit and illicit drugs in waste, surface and lake water samples using large volume direct injection high performance liquid chromatography-electrospray tandem mass spectrometry (HPLC-MS/MS) [J]. Chemosphere, 81 (7): 859-866.

Bijlsma L, Sancho J V, Pitarch E, et al., 2009. Simultaneous ultra-high-pressure liquid chromatography-tandem mass spectrometry determination of amphetamine and amphetamine-like stimulants, cocaine and its metabolites, and a cannabis metabolite in surface water and urban wastewater [J]. Journal of Chromatography A, 1216 (15): 3078-3089.

Boles T H, Wells M J M, 2014. Pilot survey of methamphetamine in sewers using a Polar Organic Chemical Integrative Sampler [J]. Science of the Total Environment, 472: 9-12.

Bueno M J M, Ucles S, Hernando M D, et al., 2011. Development of a solvent-free method for the simultaneous identification/quantification of drugs of abuse and their metabolites in environmental water by LC-MS/MS [J]. Talanta, 85 (1): 157-166.

Castiglioni S, Zuccato E, Crisci E, et al., 2006. Identification and measurement of illicit drugs and their metabolites in urban wastewater by liquid chromatography-tandem mass spectrometry [J]. Analytical Chemistry, 78 (24): 8421-8429.

Chen C E, Chen W, Ying G, et al., 2015. In situ measurement of solution concentrations and fluxes of sulfonamides and trimethoprim antibiotics in soils using o-DGT [J]. Talanta, 132: 902-908.

Chen C E, Jones K C, Ying G, et al., 2014. Desorption kinetics of sulfonamide and trimethoprim antibiotics in soils assessed with diffusive gradients in thin-films [J]. Environmental Science & Technology, 48 (10): 5530-5536.

Chen C E, Zhang H, Jones K C, 2012. A novel passive water sampler for in situ sampling of antibiotics [J]. Journal of Environmental Monitoring, 14 (6): 1523-1530.

Chen C E, Zhang H, Ying G, et al., 2013. Evidence and recommendations to support the use of a novel passive water sampler to quantify antibiotics in wastewaters [J]. Environmental Science & Technology, 47 (23): 13587-13593.

Cirimele V, Kintz P, Majdalani R, et al., 1995. Supercritical fluid extraction of drugs in drug addict hair [J]. Journal of Chromatography B, 673: 173-181.

Dalton R L, Pick F R, Boutin C, et al., 2014. Atrazine contamination at the watershed scale and environmental factors affecting sampling rates of the polar organic chemical integrative sampler (POCIS) [J]. Environmental Pollution, 189: 134-142.

Du P, Li K, Li J, et al., 2015. Methamphetamine and ketamine use in major Chinese cities, a nationwide reconnaissance through sewage-based epidemiology [J]. Water Research, 84: 76-84.

Ettore Z, Chiara C, Sara C, et al., 2008. Estimating community drug abuse by wastewater analysis [J]. Environmental Health Perspectives, 116 (8): 1027-1032.

Fornal E, 2014. Study of collision-induced dissociation of electrospray-generated protonated cathinones [J]. Drug Testing and Analysis, 6 (7-8): 705-715.

Gago-Ferrero P, Borova V, Dasenaki M E, et al., 2015. Simultaneous determination of 148 pharmaceuticals and illicit drugs in sewage sludge based on ultrasound-assisted extraction and liquid chromatography-tandem mass spectrometry [J]. Analytical & Bioanalytical Chemistry, 407 (15): 4287-4297.

Gaillard Y, Pepin G, 1997. Simultaneous solid-phase extraction on C18 cartridges of opiates and cocainics for an improved quantitation in human hair by GC-MS: One year of forensic applications [J]. Forensic Science International, 86 (1-2): 49-59.

Gay F, Maddaloni M, Valiante S, et al., 2013. Endocrine disruption in the European eel, *Anguilla anguilla*, exposed to an environmental cocaine concentration [J]. Water Air & Soil Pollution, 224 (5): 1-11.

Gheorghe A, van Nuijs A, Pecceu B, et al., 2008. Analysis of cocaine and its principal metabolites in waste and surface water using solid-phase extraction and liquid chromatography-ion trap tandem mass spectrometry [J]. Analytical and Bioanalytical Chemistry, 391 (4): 1309-1319.

Girod C, Staub C, 2000. Analysis of drugs of abuse in hair by automated solid-phase extraction, GC/EI/MS and GC ion trap/CI/MS [J]. Forensic Science International, 107: 261-271.

Gonzalez-Marino I, Quintana J B, Rodriguez I, et al., 2009. Comparison of molecularly imprinted, mixed-mode and hydrophilic balance sorbents performance in the solid-phase extraction of amphetamine drugs from wastewater samples for liquid chromatography-tandem mass spectrometry determination [J]. Journal of Chromatography A, 1216 (48): 8435-8441.

Gonzalez-Rey M, Tapie N, Le-Menach K, et al., 2015. Occurrence of pharmaceutical compounds and pesticides in aquatic systems [J]. Marine Pollution Bulletin, 96 (1-2): 384-400.

Guibal R, Lissalde S, Charriau A, et al., 2015a. Improvement of POCIS ability to quantify pesticides in natural water by reducing polyethylene glycol matrix effects from polyethersulfone membranes [J]. Talanta, 144: 1316-1323.

Guibal R, Lissalde S, Charriau A, et al., 2015b. Coupling passive sampling and time of flight mass spectrometry for a better estimation of polar pesticide freshwater contamination: Simultaneous target quantification and screening analysis [J]. Journal of Chromatography A, 1387: 75-85.

Guo C, Zhang T, Hou S, et al., 2017. Investigation and application of a new passive sampling technique for in situ monitoring of illicit drugs in waste waters and rivers [J]. Environmental Science & Technology, 51 (16): 1-30.

Harman C, Reid M, Thomas K V, 2011. In situ calibration of a passive sampling device for selected illicit drugs and their metabolites in wastewater, and subsequent year-long assessment of community drug usage [J]. Environmental Science & Technology, 45 (13): 5676.

Hernandez F, Ibanez, M, Bade R, et al., 2014. Investigation of pharmaceuticals and illicit drugs in waters by liquid chromatography-high-resolution mass spectrometry [J]. Trends in Analytical Chemistry, 63: 140-157.

Huckins J N, Tubergen M W, Manuweera G K, 1990. Semipermeable membrane devices containing model lipid: A new approach to monitoring the bioavaiiability of lipophilic contaminants and estimating their bioconcentration potential [J]. Chemosphere, 20 (5): 533-552.

Huerta-Fontela M, Galceran M T, Ventura F, 2007. Ultraperformance liquid chromatography-tandem mass spectrometry analysis of stimulatory drugs of abuse in wastewater and surface waters [J]. Analytical Chemistry, 79 (10): 3821-3829.

Jaimes-Correa J C, Snow D D, Bartelt-Hunt S L, 2015. Seasonal occurrence of antibiotics and a beta agonist in an agriculturally-intensive watershed [J]. Environmental Pollution, 205: 87-96.

Kaleta A, Ferdig M, Buchberger W, 2006. Semiquantitative determination of residues of amphetamine in sewage sludge samples [J]. Journal of Separation Science, 29 (11): 1662-1666.

Khan U, Van Nuijs A L N, Li J, et al., 2014. Application of a sewage-based approach to assess the use of ten illicit drugs in four Chinese megacities [J]. Science of the Total Environment, 487: 710-721.

Li J, Hou L, Du P, et al., 2014. Estimation of amphetamine and methamphetamine uses in Beijing through sewage-based analysis [J]. Science of the Total Environment, 490: 724-732.

Li K, Du P, Xu Z, et al., 2016. Occurrence of illicit drugs in surface waters in China [J]. Environmental Pollution, 213: 395-402.

Liscio C, Abdul-Sada A, Al-Salhi R, et al., 2014. Methodology for profiling anti-androgen mixtures in river water using multiple passive samplers and bioassay-directed analyses [J]. Water Research, 57: 258-269.

Mari F, Politi L, Biggeri A, et al., 2009. Cocaine and heroin in waste water plants: A 1-year study in the city of Florence, Italy [J]. Forensic Science International, 189 (1-3): 88-92.

Mastroianni N, Postigo C, De-Alda M L, et al., 2013. Illicit and abused drugs in sewage sludge: Method optimization and occurrence [J]. Journal of Chromatography A, 1322: 29-37.

Mendoza A, Rodriguez-Gil J L, Gonzalez-Alonso S, et al., 2014. Drugs of abuse and benzodiazepines in the Madrid Region (Central Spain): Seasonal variation in river waters, occurrence in tap water and potential environmental and human risk [J]. Environment International, 70: 76-87.

Meng P, Zhu D, He H, et al., 2009. Determination of amphetamines in hair by GC/MS after small-volume liquid extraction and microwave derivatization [J]. Analytical Sciences, 25 (9): 1115-1118.

Metcalfe C, Tindale K, Li H, et al., 2010. Illicit drugs in Canadian municipal wastewater and estimates of community drug use [J]. Environmental Pollution, 158 (10): 3179-3185.

Postigo C, López de Alda M, Barceló D, 2010. Drugs of abuse and their metabolites in the Ebro River basin: occurrence in sewage and surface water, sewage treatment plants removal efficiency, and collective drug usage estimation [J]. Environment International, 36 (1): 75-84.

Postigo C, López de Alda M, Barceló D, 2008a. Analysis of drugs of abuse and their human metabolites in water by LC-MS2: A non-intrusive tool for drug abuse estimation at the community level [J]. Trends in Analytical Chemistry, 27: 1053-1069.

Postigo C, López de Alda M, Barceló D, 2008b. Fully automated determination in the low nanogram per liter level of different classes of drugs of abuse in sewage water by On-Line Solid-Phase Extraction-Liquid-Chromatography-Electrospray-Tandem Mass Spectrometry [J]. Analytical Chemistry, 80 (9): 3123-3134.

Sekula K, Zuba D, Stanaszek R, 2012. Identification of naphthoylindoles acting on cannabinoid receptors based on their fragmentation patterns under ESI-QTOFMS [J]. Journal of Mass Spectrom, 47: 632-643.

Senta I, Krizman I, Ahel M, et al., 2013. Integrated procedure for multiresidue analysis of dissolved and particulate drugs in municipal wastewater by liquid chromatography-tandem mass spectrometry [J]. Analytical & Bioanalytical Chemistry, 405 (10): 3255-3268.

Smith J P, Metters J P, Irving C, et al., 2014a. Forensic electrochemistry: The electroanalytical sensing of synthetic cathinone-derivatives and their accompanying adulterants in "legal high" products [J]. The Analyst, 139 (2): 389-400.

Smith J P, Metters J P, Khreit O I G, et al., 2014b. Forensic electrochemistry applied to the sensing of new psychoactive substances: electroanalytical sensing of synthetic cathinones and analytical validation in the quantification of seized street samples [J]. Analytical Chemistry, 86 (19): 9985-9992.

Tanwar S, Di Carro M, Magi E, 2015. Innovative sampling and extraction methods for the determination of nonsteroidal anti-inflammatory drugs in water [J]. Journal of Pharmaceutical and Biomedical Analysis, 106: 100-106.

Van-Nuijs A L N, Tarcomnicu I, Bervoets L, et al., 2009. Analysis of drugs of abuse in wastewater by hydrophilic interaction liquid chromatography-tandem mass spectrometry [J]. Analytical and Bioanalytical Chemistry, 395 (3): 819-828.

Vazquez-Roig P, Andreu V, Blasco C, et al., 2010. SPE and LC-MS/MS determination of 14 illicit drugs in surface waters from the Natural Park of L'Albufera (Valencia, Spain) [J]. Analytical and Bioanalytical Chemistry, 397 (7): 2851-2864.

Vazquez-Roig P, Andreu V, Blasco C, et al., 2012. Spatial distribution of illicit drugs in surface waters of the natural park of Pego-Oliva Marsh (Valencia, Spain) [J]. Environmental Science and Pollution Research, 19 (4): 971-982.

Zhang Y, Zhang T, Guo C, et al., 2017. Drugs of abuse and their metabolites in the urban rivers of Beijing, China: Occurrence, distribution, and potential environmental risk [J]. Science of the Total Environment, 579: 305-313.

Zhang Z, Hibberd A, Zhou J L, 2008. Analysis of emerging contaminants in sewage effluent and river water: comparison between spot and passive sampling [J]. Analytica Chimica Acta, 607 (1): 37-44.

第4章 水处理过程中精神活性物质的去除

4.1 水处理技术概述

4.1.1 污水处理技术

城市污水处理厂（WWTPs）作为处理城市污水最重要的设施，建设数量日益增加，污水处理率也在不断提高。

现阶段应用较普遍的污水分级处理工艺中，一级处理通常包括格栅与沉砂池，主要是对污水进行初步的过滤、沉淀和曝气等工序，将废水中的悬浮物去除。二级处理分为二级生物处理和二级化学处理，但由于化学法处理效果不稳定且成本高，我国主要是采用二级生物处理法，废水经处理后基本达到污水排放标准。我国目前应用最多的二级污水处理工艺主要有传统活性污泥法及其改进型 A/O（anoxic/oxic）与 A^2/O（anaerobic-anoxic/oxic）工艺、氧化沟和序批式活性污泥法（sequencing batch reactor，SBR）工艺等。有条件的污水处理厂会配置膜过滤、O_3 氧化、氯消毒等三级处理工艺。

(1) 传统活性污泥工艺

传统活性污泥法是一种污水的好氧生物处理法，由英国的克拉克（Clark）和盖奇（Gage）于1912年发明。首先经过机械格栅去除废水中较大的悬浮物，经提升泵将废水提升到曝气沉砂池，去除污水中的砂粒、煤渣等密度较大的颗粒，然后污水进入平流式初沉池作预处理，去除较细小的悬浮有机物，随后进入曝气池，利用污泥中的微生物处理除去 BOD_5（biochemical oxygen demand）、COD（chemical oxygen demand）等有机物，再进入辐流式二沉池进行泥水分离，部分活性污泥回流到曝气池，以保证曝气池有足够的微生物分解有机物，出水经加氯接触池消毒后经巴氏计量槽排入水体（图 4-1）。初沉池、曝气池和二沉池的污泥混合后进入污泥浓缩池，浓缩后污泥中的含水率降低，浓缩池的上清液则回流到初沉池进行再处理，再经污泥消化池处理含有机物的污泥，防止污泥腐烂发臭，消化后的污泥再经带式压滤机进行脱水，污泥晾晒后外运。

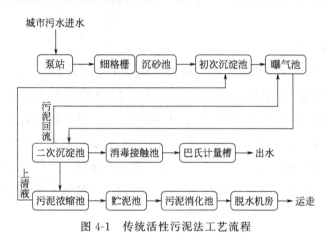

图 4-1 传统活性污泥法工艺流程

(2) A/O 工艺

A/O 工艺将厌氧水解技术用于活性污泥的前处理，是国外 20 世纪 70 年代末开发出来的一种污水处理技术工艺，它不仅能去除污水中的 BOD_5、COD_{Cr}，而且能有效去除污水中的含氮化合物。

A/O 工艺将前段缺氧段（A 段）和后段好氧段（O 段）串联在一起（图 4-2）。A 段又称为缺氧段或水解段，DO（dissolved oxygen）不大于 0.2mg/L；O 段为好氧段，DO 介于 2~4mg/L 之间。在缺氧段，异养菌将污水中的淀粉、纤维、碳水化合物等悬浮污染物和可溶性有机物水解为有机酸，使大分子有机物分解为小分子有机物，不溶性的有机物转化成可溶性有机物，当这些经缺氧水解的产物进入好氧池进行好氧处理时，可提高污水的可生化性及氧的利用效率；在缺氧段，异养菌对

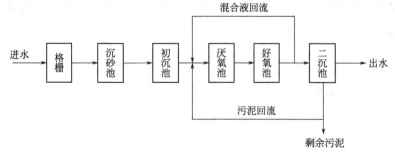

图 4-2 A/O 工艺流程

蛋白质、脂肪等污染物进行氨化（有机链上的氮或氨基酸中的氨基）游离出氨（NH_3、NH_4^+），在充足的供氧条件下，自养菌的硝化作用将 NH_3—N（NH_4^+）氧化为 NO_3^-，通过回流控制返回至 A 池。在 A 池缺氧条件下，异养菌的反硝化作用将 NO_3^- 还原为分子态氮（N_2）完成碳、氮、氧在生态中的循环，实现污水无害化处理。

（3）A^2/O 工艺

A^2/O 工艺是厌氧-缺氧-好氧生物脱氮除磷工艺的简称，它是 20 世纪 70 年代由美国专家在缺氧-好氧脱氮工艺（A/O）的基础上开发出来的（唐致文，2010）。该工艺是传统活性污泥工艺、生物脱氮工艺和生物除磷工艺的综合，同时具有去除有机物、除磷脱氮的功能。从工艺上来说，它是在传统活性污泥法的基础上增加一个厌氧段和一个缺氧段。其工艺流程如图 4-3 所示，污水依次经过厌氧区、缺氧区和好氧区，好氧区出水一部分回流至缺氧区前端，以达到硝化脱氮的目的。

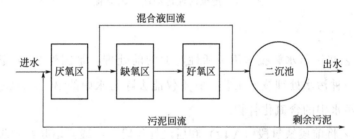

图 4-3　A^2/O 工艺流程

（4）倒置 A^2/O 工艺

倒置 A^2/O 工艺采用缺氧、厌氧及好氧的布置顺序，取消了内循环（图 4-4）。其主要特点是：缺氧区位于厌氧区之前，硝酸盐在这里消耗殆尽，厌氧区氧化还原电位（oxidation-reduction potential，ORP）较低，有利于微生物形成更强的吸磷动力；微生物厌氧释磷后直接进入生化效率较高的好氧环境，其在厌氧条件下形成

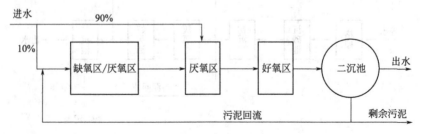

图 4-4　倒置 A^2/O 工艺流程

的吸磷动力可以得到更充分的利用;缺氧段位于工艺的首端,允许反硝化反应优先获得碳源,进一步增强了系统的脱氮能力;工艺流程更为简捷(金鹏康等,2015)。

(5) SBR 工艺

SBR 技术是一种按间歇曝气方式来运行的活性污泥污水处理技术,又称序批式活性污泥法。与传统污水处理工艺不同,SBR 技术采用时间分割的操作方式替代空间分割的操作方式,非稳定生化反应替代稳态生化反应,静置理想沉淀替代传统的动态沉淀。它的主要特征是在运行上的有序和间歇操作。SBR 技术的核心是 SBR 反应池,该池集均化、初沉、生物降解、二沉等功能于一池,无污泥回流系统(贾艳萍等,2015)。

4.1.2 饮用水处理技术

饮用水常规处理技术及其工艺在 20 世纪初期就已形成雏形,并在饮用水处理的实践中不断得以完善。饮用水常规处理技术有混凝、沉淀、澄清、过滤、消毒等,主要去除对象是水源水中的悬浮物、胶体物和病原微生物等。目前,由这些技术所组成的饮用水常规处理工艺仍为世界上大多数水厂所采用,在我国,95%以上的自来水厂都是采用常规处理工艺。

研究表明混凝-絮凝对亲脂性新污染物有较好的去除效果,去除效率的高低依赖于其对固体颗粒的黏附能力(周雪飞等,2008)。另外,由于范德瓦耳斯力的作用,带有正电荷的新污染物也易于和胶体物结合。痕量有机物在水中除了以自由态分子形式存在外,还会有一部分吸附在颗粒物表面,或者与大分子有机物络合,进而在混凝沉淀过程中被携带去除(Chin et al., 1997; Perminova et al., 1999)。

4.1.3 深度处理技术

当饮用水的水源受到一定程度的污染,又无适当的替代水源时,为了达到生活饮用水的水质标准,在常规处理的基础上,需要增设深度处理工艺。应用较广泛的深度处理技术有活性炭吸附、臭氧氧化、膜分离技术等。

(1) 活性炭吸附

活性炭吸附是在常规处理的基础上去除水中有机污染物最有效、最成熟的水处理深度处理技术。早在 20 世纪 50 年代初期,西欧和美国的一些以地表水为水源的水厂就开始使用活性炭对水体脱色除臭。直到目前,西欧以地表水为水源的水厂绝大多数仍采用活性炭吸附以去除水中的微量有机污染物及脱色除臭等，对于需要长年吸附运行的水厂，一般均采用颗粒活性炭（granular activated carbon，GAC）过滤，粉末活性炭（powdered activated carbon，PAC）主要用于季节性投加的场所。我国从20世纪70年代末、80年代初开始，也有少数水厂采用了GAC吸附深度处理技术。

活性炭可以有效去除引起水中臭味的物质，如土臭素（geosmin）、2-甲基异莰醇（methylisoborneol，MIB）等，对芳香族化合物、多种农药等有很好的吸附能力，对许多重金属离子，如汞、六价铬、镉、铅等也有较好的吸附效果。活性炭对水中致突变性物质有较好的去除效果，多项研究表明，致突变活性检测为阳性的水经过活性炭吸附后致突变活性转为阴性。美国环保署（USEPA）推荐活性炭吸附技术作为提高地表水水源水厂处理水质的最佳实用技术。

但是活性炭吸附也有一定的局限性，对于三卤甲烷类物质，活性炭的吸附容量较低，如果以三卤甲烷穿透作为活性炭滤床运行周期的终点，炭床的再生周期一般只有3个月左右，而炭床吸附有机物的能力一般可以保持一年以上。活性炭对消毒副产物的前体物的去除作用也有限。研究表明，饮用水处理中活性炭吸附去除的有机物的分子质量主要分布在 $500\sim1000u$（$1u\approx1.66\times10^{-27}kg$）之间，这是因为：分子量过大的有机物无法进入活性炭的微孔吸附区；饮用水中分子量较小的物质多含有较多的羧基、羟基等，分子的极性较强，而活性炭属于非极性吸附剂，对极性分子的吸附作用较差。

(2) 臭氧氧化

作为一种强氧化剂，O_3 可以通过氧化作用分解有机污染物，在水处理中最早是用于消毒。20世纪初法国Nice城就开始使用 O_3，到20世纪中期，使用 O_3 的目的转变为去除水中的色、臭。20世纪70年代以后，随着水体有机污染的日趋严重，O_3 用于水处理的主要目的是去除水中的有机污染物。目前欧洲已有上千家水厂使用 O_3 氧化作为深度处理的一个组成部分。我国从80年代开始，也有少数水厂使用了 O_3 氧化技术。

水处理中 O_3 的投加量有限，不能把有机物完全分解成二氧化碳和水，其中间产物仍存在水中。经过 O_3 氧化处理，水中有机物分子上增加了羧基、羟基等，其生物降解性得到大大提高，如不进一步处理，容易引起微生物的繁殖。另外，O_3 处理出水在进行加氯消毒时，某些 O_3 氧化中间产物更易于与氯反应，往往产生更多的三卤甲烷类物质，使水的致突变活性增加。某些有机物被 O_3 氧化的中间产物也具有一定的致突变活性。因此，在饮用水处理中，O_3 氧化一般并不单独使用，

或者是用 O_3 替代原有的预氯化,或者是在活性炭床前设置 O_3 氧化与活性炭联合使用。

(3) 膜分离技术

膜分离技术是从 20 世纪 70 年代开始发展起来的水处理新技术,在 90 年代得到飞速发展,目前被认为是最有前途的水处理技术。根据膜孔径从大到小排列,可以把膜分离技术分为微滤、超滤、纳滤和反渗透 4 种。膜材料主要有乙酸纤维膜、芳香族聚酰胺膜、聚砜膜、聚丙烯膜、无机陶瓷膜等。膜组件的形式主要有板式、卷式、中空纤维、管式等。

膜分离技术不需要投加药剂,去除的污染物范围广,可通过选用不同的膜实现预定的分离效果,运行可靠,具有设备紧凑、易于实现自动控制等优势。但设备投资和运行费用高,运行中膜易堵塞,需要定期进行化学清洗,前处理要求较高,存在浓缩液的处理与处置问题等。近年来随着膜材料价格的不断降低,膜分离技术在水处理应用中的竞争力越来越强。

4.2 水处理厂对精神活性物质的去除

4.2.1 污水中精神活性物质的去除

4.2.1.1 污水处理厂对精神活性物质的去除现状

精神活性物质通过医疗废水、人体排泄、企业污水等途径进入污水处理厂,绝大多数城市污水处理厂的处理工艺为传统的活性污泥系统,主要去除常见有机污染物及一些营养物质,精神活性物质及其代谢产物不能在污水处理厂中得到有效去除,从而排入天然水体,或者吸附于活性污泥,通过施肥等农业生产活动进入环境,因此,污水处理厂的出水排放被认为是水环境中精神活性物质的重要来源。研究污水处理厂对各类精神活性物质的去除情况,有利于有针对性地控制其对受纳水体的环境影响。

污水处理厂工艺的区域差异性较大,同一处理过程可能因场地、气候、专业知识、相对成本等因素而展示出不同的效果。表 4-1 总结了不同精神活性物质在不同国家污水处理厂进出水中的浓度,多数污水处理厂对 COC 及其代谢物、MOR 和 AMP 去除率能达到 90% 以上,而对 MTD 及其代谢物去除率不足 50%,甚至去除率可能为负值,对 MDMA 和 METH 的去除率则变化范围较大。

表 4-1 污水处理厂对精神活性物质的去除情况

采样地点	处理工艺	主要化合物	进水浓度/(ng/L)	出水浓度/(ng/L)	参考文献
法国，25个污水处理厂	活性污泥法和生物滤池	COC	<LOQ~1532	<LOQ~335	Nefau et al.，2013
		BE	<LOQ~3050	<LOQ~910	
		MTD	<LOQ~234	<LOQ~145	
		EDDP	6~260	10~246	
		THC—COOH	44~1196	<LOQ~161	
加拿大，3个污水处理厂	活性污泥法	COC	209~823	122~530	Metcalfe et al.，2010
		BE	287~2624	142~775	
		AMP	<LOQ~25	<LOQ~14	
		METH	21~65	17~95	
		MDMA	10~35	<LOQ~32	
西班牙，3个污水处理厂	物理化学法和活性污泥法	COC	46.1~633.4	未检出	Andres-Costa et al.，2014
		BE	99.6~408.2	0.5~13.9	
		AMP	3.9~10	未检出	
		KET	0.7~43.9	0.8~4.4	
		MDMA	1.0~12.5	3.0~9.6	
美国，纽约2个污水处理厂	活性污泥生物处理	COC	<LOQ~156	<LOQ~3.0	Subedi et al.，2014
		BE	157~3020	<LOQ~210	
		MOR	62.4~363	<LOQ~59.0	
		AMP	15.8~143	<LOQ~130	
		METH	<LOQ~11.7	<LOQ~33.1	
		MDMA	1.09~62.5	<LOQ~62.3	
		MTD	<LOQ~54.6	<LOQ~36.8	
		EDDP	11.8~70.2	16.3~192	
中国，36个污水处理厂	活性污泥法	AMP	<LOQ~603.4	<LOQ~4.3	Du et al.，2015
		METH	17.0~620.0	<LOQ~194.2	
		KET	<LOQ~376.6	<LOQ~148.6	
		NK	<LOQ~74.6	<LOQ~45.4	

注：LOQ表示定量限。

不同的污水处理厂可能配置常规活性污泥（CAS）、滴滤池和膜生物反应池等二级处理工艺，Kasprzyk-Hordern等（2009）的研究表明CAS技术较滴滤池能更有效地去除精神活性物质。一方面可能是因为CAS工艺中目标物的有效生物降解反应更多，且高活性的微生物量与高溶氧量能够促进其挥发；另一方面是目标物主要通过生物吸附进入活性污泥，以剩余污泥形式被持续去除，且生物吸附是生物降解的中间过程（Khunjar et al.，2011）。

(1) 可卡因及其代谢物

可卡因及其代谢物在地表水中的检测浓度较高，已有相关研究介绍了初级处理并结合常规活性污泥（conventional activated sludge，CAS）、滴滤池、生物滤池等不同处理工艺对可卡因及其代谢物的去除情况。

Terzic（2010）的研究表明 CAS 工艺对 COC 与 BE 的平均去除率超过 90%，仅在克罗地亚地区的去除率降低至 50% 以下，作者分析这可能是由水力停留时间较短引起的。Bones 等（2007）的研究发现，爱尔兰一个 CAS 工艺污水处理厂对 COC 的最低去除率为 72%，对 BE 的最高去除率为 93%。Metcalfe 等（2010）对比了加拿大三家污水处理厂对 COC 和 BE 的去除率，发现 CAS 技术对 COC 和 BE 的去除率均高于 90%。仅有初级处理的处理厂的去除率低于 40%，需要指出的是仅有初级处理的污水处理厂内的水力停留时间是 CAS 工艺的 1/5，这也可能导致其去除率偏低。Karolak 等（2010）研究发现生物滤池对苯丙胺类精神活性物质的去除效率低于 CAS 工艺，但没有给出明确的数据，也没有指出是由生物滤池技术本身还是水力停留时间较短引起的。

整体上，多数应用 CAS 工艺的污水处理厂均可有效去除污水中的 COC 和 BE，较长的水力停留时间能为微生物降解提供充足时间。而生物滤池和滴滤池等技术对 COC 和 BE 的去除率较低（低于 50%），导致污水厂出水向地表水体排放较高负荷的 COC 和 BE。

(2) 苯丙胺类

目前有关污水处理厂对苯丙胺类精神活性物质的去除效果的研究主要集中在 AMP、METH、MDMA、MDA、MDEA（3,4-亚甲基二氧基乙基苯丙胺）等化合物，处理工艺对苯丙胺类物质的去除影响较大。Boles 等（2010）的研究表明，英国南威尔士 Cilfynydd 污水处理厂利用滴滤池对 AMP 和 METH 进行处理，去除率为 70%，而 Coslech 污水处理厂中 CAS 对药物的去除率高于 85%。

生物滤池以外的 CAS、RO（reverse osmosis，反渗透）、滴滤池、RAS（return activated sludge，回流活性污泥）、初级处理等技术均能有效去除苯丙胺类精神活性物质（Kasprzyk-Hordern et al.，2009），其中 RO 技术对苯丙胺类物质的处理效果优于 CAS 技术，且去除率较低。某些情况下，出水中精神活性物质的浓度甚至高于进水，可能是因为污水处理过程中化合物之间的转换伴随着早期的解离。

(3) 阿片类

Boleda 等（2009）的实验表明 CAS 技术能够有效去除吗啡（MOR）和 6-单乙酰吗啡（6-monoacetylmorphine，6-MAM）两种阿片类精神活性物质，平均去除率分别为 80% 和 90%。MOR 的去除率变化较大，可能与水处理过程中 MOR 共轭物的裂解有关。生物滤池对 MOR 和 6-MAM 的去除率较低。CAS 不能有效去除美沙酮（methadone，MTD）及其代谢物 2-亚乙基-1,5-二甲基-3,3-二苯基吡咯烷（2-ethylidene-1,5-dimethyl-3,3-diphenylpyrrolidine，EDDP），去除率分别为 30% 和 2%，同时对可待因（codeine，COD）的去除率也仅为 33%，致使 MTD、EDDP 和 COD 容易排入地表水体。

(4) 大麻类及其他

针对大麻类精神活性物质，Postigo 等（2008）研究调查了污水处理厂的处理效果，其对 THC、THC—OH 的去除率分别为 97% 和 90%，而对 THC—COOH 的平均去除率为 40%，可能是因为其代谢物的不稳定共轭物（葡糖醛和/或硫酸盐）在早期发生了解离。Huerta-Fontela 等（2008a）的研究表明 CAS 技术可以有效去除氯胺酮（KET），去除率超过 80%，然而对去甲基麦角酸酰二乙胺（nor-LSD）的去除率很低甚至不能去除。

Postigo 等（2010）调查了埃布罗河盆地 7 家污水处理厂对精神活性物质的去除情况，仅有 1 家在二级处理工艺中采用了生物滤池，其余均为 CAS，两者的主要区别在于处理量、水力停留时间（hydraulic retention time，HRT）和固体停留时间等条件。所调查的污水处理厂对精神活性物质的整体去除率为 25%～100%，其中 6-单乙酰吗啡（6-monoacetylmorphine，6-MAM）和 THC 在进水中检出率较低，出水中未检出。COC、可卡乙碱（cocaethylene，CE）、AMP、THC—OH 和 BE 的去除率分别为 96%、95%、95%、89% 和 88%，偶尔出现对致幻剂、METH、nor-LSD 和 THC—COOH 没有任何去除。整体上，各类精神活性物质的平均去除率趋势为麦角类＜苯丙胺类＜大麻类＜阿片类＜可卡因类。

目前传统的污水处理厂中使用物理化学和生物方法不能同时有效去除多种精神活性物质及其代谢物，去除效率具有一定的差异和不确定性，因此可以通过加入三级处理工艺如高级氧化、膜分离法来提高对精神活性物质的去除率，然而过高的工艺成本限制了其在精神活性物质深度处理方面的应用。此外，有必要进一步研究污水处理厂中精神活性物质的去除路径，明确生物降解/生物转化、挥发或污泥吸附等过程在其中的作用（Jiang et al.，2015）。

(5) 氯胺酮类

相关研究表明，生物降解和水解作用无法完全去除氯胺酮，传统的污水处理方法对氯胺酮的去除率仅为50%（Du et al.，2015），而光转化作用可以明显降低河流中的氯胺酮和去甲氯胺酮的浓度（Lin et al.，2014）。254nm紫外光照射条件下，0.04g/L的TiO_2对氯胺酮表现出优异的光催化降解性能，可以在5min内去除水环境中100μg/L的氯胺酮，其伪一级反应速率常数达1.7min^{-1}（Lin et al.，2013）。本课题组在模拟可见光条件下，发现Ag_3PO_4/P-g-C_3N_4纳米复合材料能在90min内去除94.6%的氯胺酮（10mg/L），其对自来水、地表水及污水处理厂二级出水中的氯胺酮也表现出较好的光催化降解效果（Guo et al.，2019）。

4.2.1.2 精神活性物质在北京市某污水处理厂中的赋存特征

精神活性物质不能在人体中完全代谢，部分以母体及其代谢产物的形式随尿液排出体外，最终进入污水处理厂。传统污水处理厂不能完全去除精神活性物质，致使其持续进入水环境，对生态系统的长期潜在威胁仍不容小觑。本课题组谷得明等（2020）选择北京市某污水处理厂为研究对象，调查精神活性物质在污水处理厂各处理单元的浓度水平与去除率。样品采自北京市某污水处理厂，该厂服务人口约357万，处理规模为$95 \times 10^4 m^3/d$，在污水处理厂受纳水体的上游和下游分别设置采样点。

研究发现，总进水中13种精神活性物质均有检出，包括EPH、AMP、METH、MC、MDA、MDMA、NK、KET、BE、COC、MTD、HER和COD。如表4-2和表4-3所示，精神活性物质的总质量浓度平均值为2395.10ng/L，其中EPH的平均值为2248.61ng/L，占比为93.88%。EPH是制造METH的原料，也是感冒药中的常见成分，具有镇咳、抗过敏和扩张支气管等作用（张恒等，2020），高浓度的EPH主要可能来自服务区域内处方药的大量使用。COD与METH平均值分别为60.27ng/L和51.33ng/L，分别占总浓度的2.52%和2.14%。AMP、MC、MDA与MDMA平均值分别为4.83ng/L、6.59ng/L、13.34ng/L和1.34ng/L，KET及其代谢物NK的质量浓度平均值分别为2.32ng/L和0.02ng/L。由于KET进入人体后不能完全代谢，仅有部分被转化为NK（Lin et al.，2014），导致NK浓度较低。MTD、COC及其代谢物BE的质量浓度平均值分别为0.07ng/L、2.30ng/L和3.16ng/L。HER的平均值为0.93ng/L，可能是因为其稳定性较差，导致了在水体中的降解。

表 4-2 污水处理厂各处理单元中精神活性物质的质量浓度

精神活性物质种类	各处理单元精神活性物质的质量浓度/(ng/L)								
	总进水	曝气沉砂池出水	初沉池出水	缺氧池出水	好氧池出水	二沉池出水	总出水	排放口上游	排放口下游
EPH	2248.61	2205.65	1906.26	357.90	47.05	50.68	43.11	67.99	63.92
AMP	4.83	5.96	5.92	0.00	0.13	0.12	0.06	0.08	0.08
METH	51.33	56.08	49.12	14.32	9.17	8.69	4.68	7.83	5.20
MC	6.59	6.74	7.32	2.96	1.54	2.00	1.23	1.30	1.05
MDA	13.34	13.36	11.31	11.65	12.79	12.47	5.11	3.80	4.21
MDMA	1.34	1.45	1.52	0.70	0.50	0.54	0.16	0.13	0.18
NK	0.02	0.12	0.10	0.24	0.16	0.22	0.20	0.14	0.18
KET	2.32	2.53	2.86	4.09	4.30	4.20	1.88	2.31	1.81
BE	3.16	3.25	3.08	7.24	7.28	7.92	4.52	4.30	4.33
COC	2.30	2.38	2.24	1.99	1.93	1.99	0.66	0.60	0.57
MTD	0.07	0.15	0.25	3.85	3.66	3.78	0.09	0.21	0.08
HER	0.93	1.11	1.24	1.13	1.18	1.97	0.58	0.43	0.39
COD	60.27	59.19	52.37	18.82	12.95	13.43	1.33	1.58	1.86

表 4-3 污水处理厂各处理单元中精神活性物质的组成比例

精神活性物质种类	各处理单元精神活性物质的组成比例/%								
	总进水	曝气沉砂池出水	初沉池出水	缺氧池出水	好氧池出水	二沉池出水	总出水	排放口上游	排放口下游
EPH	93.88	93.54	93.28	84.23	45.84	46.92	67.78	74.97	76.21
AMP	0.20	0.25	0.29	0.00	0.13	0.11	0.10	0.09	0.10
METH	2.14	2.38	2.40	3.37	8.93	8.05	7.35	8.64	6.20
MC	0.28	0.29	0.36	0.70	1.50	1.85	1.93	1.43	1.25
MDA	0.56	0.57	0.55	2.74	12.46	11.54	8.04	4.18	5.02
MDMA	0.06	0.06	0.07	0.17	0.49	0.50	0.25	0.15	0.22
NK	0.00	0.01	0.00	0.06	0.16	0.20	0.31	0.15	0.21
KET	0.10	0.11	0.14	0.96	4.19	3.89	2.96	2.55	2.16
BE	0.13	0.14	0.15	1.70	7.09	7.34	7.11	4.74	5.17
COC	0.10	0.10	0.11	0.47	1.88	1.84	1.03	0.66	0.68
MTD	0.00	0.01	0.01	0.91	3.57	3.50	0.14	0.23	0.10
HER	0.04	0.05	0.06	0.27	1.15	1.83	0.91	0.48	0.47
COD	2.52	2.51	2.56	4.43	12.62	12.43	2.09	1.74	2.21

曝气沉砂池与初沉池出水中精神活性物质的总质量浓度平均值分别为2357.98ng/L和2043.59ng/L，其中EPH降低了299.36ng/L，占总浓度降低值的95.2%，其他物质浓度变化较小，而两个处理单元中的生物量均较低，说明该部分EPH去除是通过吸附至颗粒物表面沉降实现的。缺氧池出水中总质量浓度平均值为424.9ng/L，好氧池与二沉池出水中总质量浓度平均值分别为102.64ng/L和108.02ng/L。除MDA、KET与AMP、METH外，二沉池出水中其他物质均较好氧池出水中的浓度有不同程度的升高，推测可能是吸附在活性污泥中的目标物释放到水体中所致。总出水及上游、下游地表水中精神活性物质的总质量浓度分别为63.59ng/L、90.69ng/L和83.87ng/L，上游地表水浓度较高，表明上游沿河可能存在其他新污染源。

该研究对北京市某污水处理厂各处理单元对精神活性物质的去除率进行了调查，结果如表4-4所示。曝气沉砂池对精神活性物质的去除率为-617.39%（NK）~1.91%（EPH），对COD的去除率为1.78%，其余物质均呈负去除。好氧池对精神活性物质的去除率为-130.00%（AMP）~86.85%（EPH）。二沉池对各精神活性物质的去除率为-67.7%（HER）~8.07%（AMP），仅能去除少量的METH（5.21%）与KET（2.24%）。同时对比分析了精神活性物质在二沉池出水与总出水中的浓度，发现三级处理后所有物质的去除率介于10.05%（NK）~97.70%（MTD），说明三级处理中的超滤膜与UV消毒能够不同程度地去除精神活性物质。

表4-4 污水处理厂各处理单元对精神活性物质的去除率

精神活性物质种类	各处理单元对精神活性物质的去除率/%						
	曝气沉砂池出水	初沉池出水	缺氧池出水	好氧池出水	二沉池出水	三级处理	总计
EPH	1.91	13.57	81.23	86.85	-7.72	14.95	98.08
AMP	-23.31	0.63	100.00	-130.00	8.07	48.14	98.70
METH	-9.26	12.41	70.85	35.95	5.21	46.21	90.89
MC	-2.24	-8.62	59.52	48.09	-30.02	38.56	81.36
MDA	-0.13	15.35	-3.00	-9.81	2.51	59.02	61.70
MDMA	-8.86	-4.67	53.79	28.47	-6.78	70.59	88.17
NK	-617.39	17.58	-136.40	33.64	-37.58	10.05	-1047.83
KET	-9.21	-12.74	-43.21	-5.08	2.24	55.21	18.87
BE	-2.95	5.10	-134.73	-0.60	-8.80	42.97	-43.14
COC	-3.50	5.95	10.90	3.29	-3.00	66.87	71.37
MTD	-108.30	-67.86	-1424.39	4.95	-3.37	97.70	-20.42
HER	-18.90	-12.11	9.11	-4.15	-67.70	70.69	37.98
COD	1.78	11.53	64.05	31.20	-3.68	90.10	97.80

整体上，污水处理厂能够不同程度地去除 10 种精神活性物质，且主要集中在二级生物处理与三级处理。Postigo 等（2010）研究了埃布罗河盆地 7 家污水处理厂对精神活性物质的去除，发现经过初沉池和活性污泥或生物滤池后，45%～95% 的化合物能够被去除，COC 与 AMP 的去除率高于 90%，而致幻剂、METH 与 THC—COOH 等毫无去除，与该研究结果存在一定差异，可能受污水处理厂所在区域气候、进水流量、处理工艺、运行参数等因素影响。Jekel 等（2015）指出，任何微生物介导的药物去除均可能受到工艺设计、操作参数、水温、溶解氧浓度等环境因素的强烈影响。此外，在以污水处理厂进水和出水浓度为基础计算去除效果时，应考虑水力停留时间，污水处理厂水力停留时间越长，生物降解时间越长，去除效果可能越好（Fernandez-Fontaina et al.，2012）。

研究还发现污水处理厂对 NK、BE 和 MTD 均存在负去除现象（表 4-4）。有关研究普遍认为出现负去除现象的可能原因是：①这些物质在代谢中与葡萄糖醛酸共轭结合，通过污水处理厂的工艺流程（如生物处理）时，可能被裂解为目标物质，使得出水浓度高于进水（Huerta-Fontela et al.，2007）。②由混合体系特征、流速、流量及目标物质浓度的变异性所导致（Baker et al.，2013）。研究发现，NK 的负去除主要发生在曝气沉砂池（-617.39%）与缺氧池（-136.40%），总进水与总出水中的浓度相对较低，分别为 0.017ng/L 和 0.198ng/L。缺氧池与好氧池的生物处理对 BE 均呈现负去除，分别为-134.73% 和-0.60%，进一步证实了 BE 的负去除主要是来自 COC 的生物转化。MTD 用于阿片类药物依赖者的治疗（Volpe et al.，2018），其负去除现象主要发生在缺氧池。Subedi 等（2014）调查了美国两个污水处理厂中精神活性物质的去除情况，发现二级处理后 MTD 呈负去除（<-110%），可能是污水厂处理过程强化了母体或前体化合物的转化。

4.2.1.3 精神活性物质在常州市污水处理厂中的赋存特征

精神活性物质的去除效率在很大程度上取决于污水处理技术。如图 4-5 所示为常州市 8 个污水处理厂中精神活性物质的去除率（TNQ-1、TNQ-2、XBQ-1、XBQ-2、XBQ-3、WJQ-1、JTQ-1 和 LYS-1 分别为常州市 8 座不同污水处理厂的编号）。在这项研究中，8 个污水处理厂的处理技术包括厌氧-缺氧-好氧（A^2/O）工艺、缺氧-好氧（A/O）工艺和活性污泥法（SBR）。SBR 工艺的主要优点是沉降速度快，反应速率高，难降解有机化合物的降解性能好。A^2/O 工艺和 A/O 工艺的优点主要是可以去除有机氮和磷。其中 SBR 工艺对 12 种精神活性物质的去除率最高，为 79%，其次是 A^2/O 工艺（73%）。在 SBR 工艺中，大部分精神活性物质在初沉池中去除，与以前的研究相同。SBR 工艺通过生物质将废水中的有机污染物分解为副产物，去除率可达到 70% 以上。

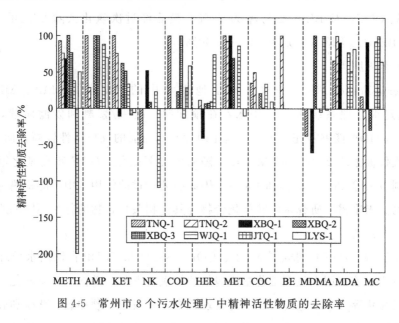

图 4-5　常州市 8 个污水处理厂中精神活性物质的去除率

4.2.2　饮用水处理厂对精神活性物质的去除

为了保障饮用水安全采用的水处理工艺基本相同，最常见的过程有物理过程（过滤、絮凝、沉淀）、离子交换（反渗透膜）、吸附（活性炭）和化学消毒（氯气、二氧化氯、臭氧）等。饮用水处理厂对精神活性物质的去除效果取决于目标物理化性质、水源质量、处理工艺等因素，同时，多数精神活性物质的亲水性和高溶解性可能导致其在饮用水水源与处理出水中均有检出。世界范围内自来水中陆续检测到咖啡因、尼古丁及其代谢物可替宁等精神活性物质，表明其在饮用水处理系统中不能被完全去除（Gibs et al.，2007；Hua et al.，2006；Stackelberg et al.，2004；Togola et al.，2008；Viglino et al.，2008）。

（1）可卡因及其代谢物

Nakada 等（2007）的研究表明砂滤对 $\lg K_{ow} < 3$ 的药品化合物去除率低于 50%，表明疏水性可能成为砂滤过程的一个限制因素。Huerta-Fontela 等（2008b）研究了饮用水处理厂对 COC 与 BE 的去除情况，发现经过预加氯、混凝和砂滤后，饮用水水源中的 COC 与 BE 仅去除了 13% 和 9%，去除率低可能是因为两种目标物与氯的反应活性较低。臭氧氧化阶段对 COC 与 BE 的去除率分别为 24% 和

43%，这可能是由于两种化合物的活性位点的缺失（如三碳双键），而这些化合物都与臭氧有反应性。随后的颗粒活性炭（GAC）过滤器因为其有效吸附量，可以完全去除COC，对BE的去除率为72%。最后经过次氯化去除27%的BE，对COC和BE的总去除率分别为100%和90%。

（2）苯丙胺类

Huerta-Fontela等（2008b）指出地表水中的AMP、MDMA、METH和MDA通过水处理系统进入饮用水，在预加氯、凝聚/絮凝和砂滤阶段，AMP、METH和MDA能够被完全去除，这是因为它们与氯的反应活性较高，而MDMA在此阶段仅被去除23%。MDMA经过随后的臭氧氧化、GAC和次氯化等处理阶段后分别被去除28%、88%和100%，因此在处理过的饮用水中不能检测到苯丙胺类化合物。未来需要研究苯丙胺类化合物与其他相关化合物的行为不同的原因。

（3）阿片类

Boleda等（2009）研究了MOR、COD、MTD和EDDP在饮用水处理过程中的环境行为，该饮用水处理工艺主要包括预加氯、絮凝、砂滤、臭氧氧化、活性炭过滤和后氯化等6个工艺阶段。研究发现整个工艺段中，预加氯、絮凝和砂滤3个阶段对MOR和COD综合去除率最高，去除率可达90%以上；而对MTD和EDDP的综合去除率较低，去除率分别约为54%和28%。经过臭氧氧化阶段后，MOR可以被完全去除；经过活性炭过滤阶段后，COD可以被完全去除。而MTD和EDDP在经过后氯化阶段后仍然不能被完全去除，水中残留浓度约为进水浓度的10%。

（4）大麻类

Boleda等（2009）的研究表明THC和THC—COOH在预加氯、凝聚/絮凝和砂滤阶段能够被完全去除，因此在处理后的饮用水中检测不到此类化合物。

未来依然有必要开展水处理技术对精神活性物质去除效果的相关研究，现有的研究成果只是简单地对比进水与出水中的浓度。为了更好地理解水处理技术去除精神活性物质的过程机理，需要模拟污水及饮用水处理厂的相关条件，开展相应的微生物降解室内控制实验。以下几个问题需要引起重视：①污泥中精神活性物质及其代谢物的处理；②共轭化合物早期解离产生母体及其代谢物进而引起出水浓度升高；③代谢物与母体化合物之间的转换反应。为了进一步减少精神活性物质及其代谢物进入地表水和饮用水，需要开展膜生物反应器、臭氧与光催化过程、湿地处理、高级吸附剂及纳米技术等新型处理技术在水处理中的应用研究。

4.2.3 深度水处理技术对精神活性物质的去除

目前传统的污水处理厂中使用物理化学和生物方法不能同时有效去除多种精神活性物质及其代谢物，去除效率具有一定的差异和不确定性。水处理厂可以通过活性炭吸附法、反渗透法并结合臭氧或氯消毒等三级处理工艺来提高对精神活性物质的去除率，然而过高的工艺成本限制了其在精神活性物质深度处理方面的应用。

膜技术是以选择性透过膜作为分离介质，在膜两侧的一定推动力作用下，使原料液中的某组分选择性透过，从而使混合物得以分离，实现提纯、浓缩等目的。膜技术已被广泛应用于诸多领域，如污水处理、给水处理、海水淡化、医药食品生产等。膜的种类很多，依据其孔径大小的不同，可将膜分为微滤膜（microfiltration，MF）、超滤膜（ultrafiltration，UF）、反渗透膜（reverse osmosis，RO）和纳滤膜（nanofiltration，NF），这几种膜技术都是以膜两侧的水力压差作为分离的驱动力。近年来，一种以渗透压差作为分离驱动力的新兴膜——正渗透膜（forward osmosis，FO）成为诸多领域学者的研究开发热点。微滤膜和超滤膜的孔径在 $0.01\mu m$ 以上，其截留新污染物的效果并不理想，尤其是分子量较小的物质。纳滤膜、反渗透膜和正渗透膜的膜孔径一般小于 $0.01\mu m$，可用于去除污水中的新污染物。Boleda 等（2010）评估了 RO 对污水中苯丙胺类精神活性物质的去除效果，发现该技术可以有效去除80%以上的 MDMA、AMP 和 METH，对 MDA 和 MDEA（3,4-亚甲基二氧基乙基苯丙胺）的去除率较低（50%～60%），RO 对污水中苯丙胺类精神活性物质的去除最为有效且去除率较稳定。

饮用水消毒设施中大多数采用了基于氯消毒的处理过程，氯反应最常见的反应路径包括氧化反应、加成反应与取代反应。这些反应通常改变了有机物的性质和结构，进而产生消毒副产物。所研究的多数精神活性物质的结构中均含氨基，因其不同结构与氯发生不同反应，且反应活性较高。COC、BE、芬太尼和 MTD 均含有可作为供电子基团的羰基，这些基团降低了与氯反应的 α-碳的酸性，进而降低反应速率。Huerta-Fontela 等（2008b）的研究表明氯化处理对 COC、BE 和 MTD 的去除率均较低，分别为13%、9%和54%。吗啡、COD、单乙酰吗啡和大麻类主要通过乙醇胺与氯发生反应。海洛因与氯发生亲电取代反应，因为其芳香环结构中存在供电子基团。ClO_2 对有机物特定官能团进行选择性氧化，如酚类、叔胺基或硫醇基等，致使其通过单电子转移反应被还原为亚氯酸盐。

作为消毒剂和氧化剂，O_3 在水处理中能够与大量无机物、有机物发生反应，

反应几分钟后 O_3 迅速衰减，并产生 ·OH。·OH 的氧化选择性较低，与有机物的二级反应速率较高，但是大部分 ·OH 均被水基质清除。Boleda 等（2009）的研究证实了 O_3 与吗啡、COD 的反应活性，尽管 EDDP 结构中存在双键，O_3 也未能将其氧化去除，这可能是因为亚胺与烯胺之间的转换平衡降低了 C═C 的电子密度，进而减弱了与 O_3 之间的反应。

活性炭作为非极性吸附剂，比表面积巨大（500~1700m^2/g），且内部与表面孔隙发达，对溶解度小、亲水性差、极性弱的有机物等具有较强的吸附能力。活性炭吸附法是利用其物理吸附、化学吸附、氧化、催化氧化和还原等性能去除水中污染物的处理方法，该方法不产生副产物，处理效率高且效果稳定。Boleda 等（2010）通过实际规模实验表明活性炭可以完全去除止痛剂芬太尼，然而对美沙酮及其代谢物 EDDP 的去除能力较弱。活性炭对不同物质的去除效率通常取决于吸附质的性质（电荷、疏水性和颗粒大小）和吸附剂的性质（空间结构和表面化学特性），水体中的天然有机物也会影响活性炭对有机物的吸附。

4.3 高级氧化技术去除精神活性物质

有关研究表明甲基苯丙胺、可卡因和致幻剂等在水处理厂中的去除非常有限（Boles et al., 2010；Golovko et al., 2014；Li et al., 2010；Mackulak et al., 2015a），然而源自天然生物的印度大麻去除率可达 90%（Thomas et al., 2012）。高级氧化技术已被证实可以氧化处理多种精神活性物质，受到了科研工作者的广泛关注。

按照自由基产生方式的不同，高级氧化技术可以分为化学氧化技术、光催化氧化技术、水热氧化技术及其他高级氧化技术等（时鹏辉，2013），如图 4-6 所示。Fenton 反应是上述各类高级氧化技术中研究及应用最为广泛的一种，早期的研究

高级氧化技术
- 化学氧化技术：Fenton反应、类Fenton反应、O_3/H_2O_2、UV/O_3、UV/H_2O_2、$UV/O_3/H_2O_2$、$Co/KHSO_5$等
- 光催化氧化技术：TiO_2、ZnO、CdS、WO_3、Fe_2O_3、Co_3O_4等
- 水热氧化技术：超临界水氧化、湿式氧化、湿式过氧化氢氧化、催化湿式氧化等
- 其他高级氧化技术：超声波、电磁波、等离子体、电子束等

图 4-6 高级氧化技术分类

与应用主要集中在有机分析化学和有机合成等领域，20世纪60年代Fenton试剂首次用于降解有毒有机污染物（包木太等，2008）。在处理有毒、难生物降解的有机废水方面，Fenton反应具有设备简单、操作方便、氧化有机物的反应速率较快和无须光照、反应条件温和、效率高等优点（崔晓宇等，2012）。

4.3.1 高级氧化技术概述

4.3.1.1 基于羟基自由基的高级氧化技术

羟基自由基（·OH）是一种重要的活性氧（reactive oxygen species，ROS），具有极强的氧化能力，其标准氧化还原电位（2.80V）仅次于氟气（3.06V），如表4-5所示（Khuntia et al.，2016）。羟基自由基主要通过电子转移、亲电加成、脱氢反应等途径，将水体中有机污染物分解成小分子物质，甚至矿化为CO_2、H_2O及其他无害物质（Cincinelli et al.，2015），从而高效去除污染物，因此基于羟基自由基的高级氧化技术在废水处理方面的应用得到了广泛关注。

表4-5 常用氧化剂的标准氧化还原电位

氧化剂	标准氧化还原电位/V	氧化剂	标准氧化还原电位/V
F_2	3.06	$HClO_4$	1.63
·OH	2.80	ClO_2	1.50
$SO_4^-·$	2.5~3.1	Cl_2	1.36
O_3	2.07	$Cr_2O_7^{2-}$	1.33
H_2O_2	1.77	O_2	1.23
MnO_2	1.68	Br_2	1.10

传统的Fenton试剂是单独采用亚铁离子（Fe^{2+}）与过氧化氢（H_2O_2）混合得到的一种强氧化剂，通过Fe^{2+}催化分解H_2O_2产生·OH，将有机污染物矿化为CO_2和H_2O或转化为较易生物降解的有机物，进而大幅度提高废水的可生化性（李再兴等，2013），多用于处理低浓度有机废水或预处理高浓度有机废水，具体的反应方程式如下：

$$Fe^{2+} + H_2O_2 \longrightarrow Fe^{3+} + OH^- + ·OH$$

$$Fe^{3+} + H_2O_2 \longrightarrow Fe^{2+} + H^+ + HO_2·$$

$$HO_2· + H_2O_2 \longrightarrow O_2 + ·OH + H_2O$$

$$·OH + Fe^{2+} \longrightarrow Fe^{3+} + OH^-$$

$$Fe^{3+} + HO_2 \cdot \longrightarrow Fe^{2+} + O_2 + H^+$$
$$\cdot OH + H_2O_2 \longrightarrow HO_2 \cdot + H_2O$$
$$\cdot OH + \cdot OH \longrightarrow H_2O_2$$
$$\cdot OH + 有机污染物 \longrightarrow CO_2 + H_2O$$

Fenton试剂可以有效处理多种有机污染废水及工业废水，同时对染料废水的脱色效果比较明显，但其作为试剂在实际应用中尚存在不同程度的不足与限制。

① Fenton反应对pH的要求很高。当pH为2.5~3.5时，Fenton试剂才能表现出较高的活性。当pH大于4时，Fe^{2+}会凝集形成沉淀，同时Fe^{2+}很容易被氧化为Fe^{3+}（赵德龙等，2012）。然而实际废水的pH大部分为6~9，用Fenton试剂处理此类废水前，需要先将pH调节到3.0左右，才可以达到良好的处理效果，因此增加了处理成本。

② Fenton反应对有机物的矿化程度较低。由于Fe^{2+}很容易凝集形成沉淀，导致·OH的生成率降低，同时，降解中间产物与Fe^{3+}较易形成稳定络合物（Miralles-Cuevas et al.，2015），降低有机污染物的矿化程度，致使矿化程度一般不超过60%。

③ 反应需要大量的Fe^{2+}。在Fenton氧化反应过程中，Fe^{2+}并非完全起催化作用，大量的Fe^{2+}因被氧化而消耗（王烨等，2012）。

④ ·OH很容易被猝灭而失去活性。天然水体中存在大量的CO_3^{2-}、PO_4^{3-}等无机离子，这些离子容易成为·OH的捕获剂（Guo et al.，2015），致使Fenton试剂不能有效降解有机物。

科学家们针对Fenton试剂存在的以上不足，进行了大量相关研究并提出了多种改进措施。部分研究者将电（林恒等，2015）、可见光（郭盛，2013）、紫外光（Miralles-Cuevas et al.，2014）、微波（林于廉等，2013；潘维倩等，2014）、超声（樊杰等，2014）等辅助手段引入Fenton反应体系，极大地提高了污染物降解速率与H_2O_2的利用率，降低了Fe^{2+}消耗量。同时指出Fenton法及其联用技术未来的主要研究方向（曾丹林等，2015）：①加强对工艺参数的优化、动力学和机理方面的研究；②合理设计处理方法和反应器结构，提高利用率和处理效率，降低处理成本；③实验室条件下主要研究的是模拟废水，而对于实际废水的处理研究仍需要进一步探索。

4.3.1.2 基于硫酸根自由基的高级氧化技术

基于硫酸根自由基（$SO_4^- \cdot$）的高级氧化技术（advanced oxidation processes，

AOPs）是近年来发展起来的一类处理难降解有机污染物的新型技术（Al-Shamsi et al.，2013；Li et al.，2009；Lin et al.，2016；Liu et al.，2016a；Ma et al.，2017；Qian et al.，2015；Shih et al.，2012；Su et al.，2012）。$SO_4^-\cdot$主要通过活化过硫酸盐产生，过硫酸盐包括过一硫酸盐（peroxymonosulfate，PMS）和过二硫酸盐（persulfate，PS），其结构中均有O—O键（杨世迎等，2008）。PMS在水中会发生电离反应，经过活化后的溶液酸性非常强，限制了其实际应用，而PS易于储存，水溶液呈中性，价格相对低廉且环境友好（高焕方等，2015）。因此，活化PS作为一种新型高级氧化技术被广泛应用于环境污染修复与治理领域（林金华，2014）。

$SO_4^-\cdot$的存在寿命（半衰期为4s）较$\cdot OH$长（一般低于$1\mu s$），标准氧化还原电位（2.5~3.1V）与$\cdot OH$的相近（2.8V）（Frierdich et al.，2015），氧化剂溶解性好且不易挥发（张咪，2014）。$SO_4^-\cdot$更倾向于通过电子转移方式与有机污染物反应，在中性或碱性条件下表现出比$\cdot OH$更高的活性（陈晓旸等，2009；范聪剑等，2015）。相对于其他传统水处理技术，基于$SO_4^-\cdot$的高级氧化技术具有高效、快速、彻底、选择性小且反应条件温和等优点，是当今国内外研究的热点与前沿课题之一（Al-Shamsi et al.，2013）。

常温下过硫酸盐自身的氧化能力比较有限（$E_0=2.01V$），不能显著氧化降解有机污染物，需经过辐射分解、紫外光解、高温热解以及过渡金属离子催化等作用（Matzek et al.，2016）活化过硫酸根（$S_2O_8^{2-}$）产生氧化能力更强的$SO_4^-\cdot$，从而处理环境介质中多数难降解有机物，如图4-7所示。

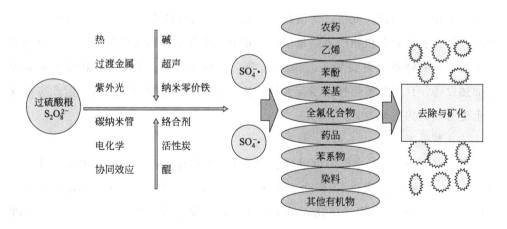

图4-7 过硫酸盐的活化及应用

$SO_4^-\cdot$ 与有机物的反应会因其种类的差异而不同，与醇类、烷烃、醚或酯类等饱和有机化合物主要通过氢原子提取反应（Khursan et al., 2006）：

$$SO_4^-\cdot + RH \longrightarrow HSO_4^- + R\cdot$$

对于含有不饱和双键的烯烃类化合物主要通过加成反应（Padmaja et al., 1993）：

$$SO_4^-\cdot + H_2C=CHR \longrightarrow {}^-OSO_2OCH_2-C\cdot HR$$

与芳香类化合物则主要通过电子转移反应（Beitz et al., 1998；王萍，2010）：

$$SO_4^-\cdot + R-\bigcirc \longrightarrow [R-\bigcirc-SO_4^-\cdot] \longrightarrow SO_4^{2-} + R-\bigcirc$$

（1）热活化

近年来众多学者通过热活化 PS 氧化技术处理了多种难生物降解的有机污染物，为其在工程实践中的广泛应用提供了一定科学依据（廖云燕等，2014；马京帅等，2016；荣亚运等，2016）。其原理是通过热激发产生能量，使 PS 内 O—O 键断裂产生 $SO_4^-\cdot$，其量子产率为 2，所需要的活化能高于 140.2kJ/mol，热活化效率的主要影响因素有温度、pH 值、PS 浓度及离子强度等（栾海彬，2015）。具体反应机理如下：

$$S_2O_8^{2-} \xrightarrow{\triangle} 2SO_4^-\cdot$$

为达到较高的去除率，热活化 PS 降解的反应温度会因有机污染物种类而不同。一般情况下，热活化 PS 降解烷烃类比烯烃类有机物所需的活化温度高，降解直链烃类比芳香烃有机物所需的活化温度也要高，这与 $SO_4^-\cdot$ 优先参与苯环电子转移的氧化机理一致。此外，热活化 PS 的温度升高可能引起体系 pH、离子强度、中间产物、土壤对有机物的吸附量以及土壤有机质耗氧等因素发生变化，进而抑制有机污染物的降解（龙安华等，2014）。同时，热活化 PS 需投入高额成本购买大型加热设备，且对低渗透性土壤与大规模流动地下水的修复效果甚微，因此应继续寻求更有效的热活化方式。

（2）紫外光活化

紫外光（UV）催化作用可以显著提高 PS 降解有机物的效率，太阳光中 UV 约占 5%，足够用于活化 PS 产生 $SO_4^-\cdot$（Hori et al., 2005）。理论上，$SO_4^-\cdot$ 的生成速率与紫外光强度成正比，Shu 等（2015）发现在 UV-PS 体系中，高强度 UV 降解酸性蓝 113 的效率明显高于低强度 UV。由于 UV 活化 PS 技术安全无毒，不会引发二次污染，且太阳光不需要费用，因而基于太阳光催化 PS 的高级氧化技术可用于处理饮用水与微污染水,尤其适用于已安装 UV 消毒系统的水处理厂,在处理难生物降解有机废水方面具有较大的发展与应用前景。具体反应机理如下:

$$S_2O_8^{2-} + UV \longrightarrow 2SO_4^{-}\cdot$$

尽管大量室内实验结果表明 UV-PS 氧化降解有机污染物的效率较高,但在其工程应用过程中,由于环境背景中有机物种类复杂且普遍能够吸收部分 UV,削弱了 UV 活化 PS 的强度,进而削弱了其氧化降解有机污染物的效果(Liu et al., 2016b)。

(3) 过渡金属离子活化

过渡金属离子活化 PS 产生 $SO_4^{-}\cdot$ 的方法,因其反应体系简单、反应条件温和、能耗较低、不需外加热源与光源,得到科研工作者的广泛关注(左传梅, 2012)。郭忠凯(2014)利用竞争动力学表征了不同金属离子对过硫酸盐的活化效果,结果表明不同金属离子活化过硫酸盐的效率为:$Ag^+ > Fe^{2+} > Fe^{3+} > Mn^{2+} > Ce^{3+} > Ni^{2+}$。由于 Ag 为稀有金属,而 Fe 在自然界中含量高且易获得,目前大多研究都侧重于铁离子活化 PS 产生 $SO_4^{-}\cdot$ 氧化降解有机物(李社锋等,2016)。具体反应机理如下,其中 M 代表金属:

$$M^{n+} + S_2O_8^{2-} \longrightarrow M^{(n+1)+} + SO_4^{-}\cdot + SO_4^{2-}$$

铁离子因价廉易得且环境友好,被广泛用于活化 PS 降解难生物降解的有机物。但其在工程应用中仍存在一些不足:①Fe^{2+} 活化 PS 过程中被氧化为 Fe^{3+},不能循环再生,需大量外源补充 Fe^{2+},产生大量铁泥,增加了处理成本;②过量的 Fe^{2+} 会与 $SO_4^{-}\cdot$ 发生猝灭反应,抑制目标污染物的氧化降解;③Fe^{2+} 易被空气氧化,其溶液需要在酸性条件下保存。

(4) 碱活化

碱活化 PS 氧化体系的 pH 条件会引起其中自由基种类、强度以及反应机理的变化。Huang 等(2009)的研究表明,过硫酸盐体系中存在 $SO_4^{-}\cdot$ 和 $\cdot OH$ 两种自由基,其对有机污染物的降解效果随 pH 变化而不同。当 $2<pH<7$ 时,溶液中 $SO_4^{-}\cdot$ 占主导地位;当 $pH>10$ 时,溶液中 $\cdot OH$ 起主要降解作用。Furman 等(2011)的研究表明:在酸性和中性条件下,PS 氧化体系中降解有机物的主要是 $SO_4^{-}\cdot$;在碱性条件下,$SO_4^{-}\cdot$ 与 OH^- 反应生成 $\cdot OH$,降解有机物的主要是 $\cdot OH$。目前碱活化 PS 的机理尚无定论,可能存在两种活化机理(Furman et al., 2010):

① 碱性体系中 $S_2O_8^{2-}$ 发生碱催化,水解生成过氧氢根离子(HO_2^-)和

SO_4^{2-}，HO_2^- 与 $S_2O_8^{2-}$ 进一步发生氧化还原反应产生 $SO_4^- \cdot$、SO_4^{2-} 和活性氧自由基（$O_2^- \cdot$）。

$$^-_3OS-O-O-SO_3^- + H_2O \longrightarrow [^-_3OS-O-O^-] + SO_4^{2-} + 2H^+$$

$$[^-_3OS-O-O^-] + H_2O \longrightarrow H-O-O^- + SO_4^{2-} + H^+$$

$$H-O-O^- + ^-_3OS-O-O-SO_3^- \longrightarrow SO_4^- \cdot + O_2^- \cdot + SO_4^{2-} + H^+$$

$$SO_4^- \cdot + OH^- \longrightarrow SO_4^{2-} + \cdot OH$$

② 碱性体系中 $S_2O_8^{2-}$ 发生碱催化，水解生成 H_2O_2，H_2O_2 与 OH^- 发生进一步反应产生 HO_2^-，然后 H_2O_2 与 HO_2^- 反应产生 $O_2^- \cdot$。

$$^-_3OS-O-O-SO_3^- \longrightarrow 2SO_4^- \cdot$$

$$SO_4^- \cdot + OH^- \longrightarrow SO_4^{2-} + \cdot OH$$

$$\cdot OH + \cdot OH \longrightarrow H_2O_2$$

$$^-_3OS-O-O-SO_3^- + 2H_2O \longrightarrow 2HSO_4^- + H_2O_2$$

$$H_2O_2 + OH^- \longleftrightarrow H-O-O^- + H_2O$$

$$H_2O_2 + H-O-O^- \longleftrightarrow O_2^- \cdot + \cdot OH + H_2O$$

碱活化 PS 体系一般需加入 KOH 或 NaOH 等碱性物质，会引起原位土壤与地下水 pH 值变化。KOH 活化 PS 氧化降解有机污染物时，易形成水溶性低的 $K_2S_2O_8$，减弱了活性物种在受污染区域的传递效率，因此，NaOH 较 KOH 更适于作为碱性活化剂。此外，在强碱性条件下，除要考虑修复场地本底的有机质和酸碱度外，对修复的设备与操作条件均有相应要求，需尽量避免强碱性物质腐蚀设备以及碱性体系中金属离子析出而诱发的二次环境污染，这些在一定程度上也限制了碱活化方式的实际应用。

（5）活性炭活化

活性炭（activated carbon，AC）因其较高的比表面积与发达的孔隙结构而作为良好的吸附剂、催化剂及其载体，被广泛用于环境治理领域（Sanchez et al.，2006）。相关研究（Huang et al.，2003；刘海龙等，2014；余谟鑫等，2008）报道了 AC 能够活化 H_2O_2 降解多种有机污染物，AC 表面的一些含氧官能团起了主要作用，PS 与 H_2O_2 结构相似，同样可以通过 AC 活化 PS 用于降解污染物。基于 AC 活化 H_2O_2 的反应方程式，预测 AC 活化 PS 生成 $SO_4^- \cdot$ 与表面含氧自由基，具体反应机理如下（Georgi et al.，2005；Liang et al.，2009a）：

$$AC-OOH + S_2O_8^{2-} \longrightarrow AC-OO \cdot + SO_4^- \cdot + HSO_4^-$$

$$AC-OH + S_2O_8^{2-} \longrightarrow AC-O \cdot + SO_4^- \cdot + HSO_4^-$$

同时,AC 活化 PS 反应中可能存在水合羟基基团与 PS 的交换(Khalil et al.,2001; Liang et al., 2009b)。

水处理中活性炭对污染物的去除主要通过物理吸附与化学吸附作用,以物理吸附为主,但此过程中的污染物仅实现了相间转移,并未得到彻底降解。AC-PS 体系中,AC 主要作为催化剂激发 PS 产生 $SO_4^-\cdot$ 和 $\cdot OH$ 等活性物种,既降低了 AC 使用量,又提高了污染物矿化率,因此 AC 活化 PS 技术在水处理中的应用具有广阔前景。

(6) 零价铁活化

零价铁(Fe^0)活化 PS 是利用 Fe^0 作为 Fe^{2+} 的来源,进而对 PS 进行催化的一种高级氧化技术,其中 Fe^0 既是 PS 的活化剂,又是还原反应的还原剂(Li et al., 2015)。Fe^0 作为一种非均相催化剂,可以缓慢释放 Fe^{2+},从而控制反应速率,保证体系持续高效地降解污染物(Moon et al., 2011; Zhao et al., 2010)。其主要反应机理如下(Oh et al., 2010):

$$Fe^0 + S_2O_8^{2-} \longrightarrow Fe^{2+} + 2SO_4^{2-}$$

好氧条件: $$Fe^0 + 1/2O_2 + H_2O \longrightarrow Fe^{2+} + 2OH^-$$

厌氧条件: $$Fe^0 + 2H_2O \longrightarrow Fe^{2+} + H_2 + 2OH^-$$

$$Fe^{2+} + S_2O_8^{2-} \longrightarrow Fe^{3+} + SO_4^{2-} + SO_4^-\cdot$$

$$2Fe^{3+} + Fe^0 \longrightarrow 3Fe^{2+}$$

当 Fe^0 投加量过多,系统产生的 Fe^{2+} 将与部分 $SO_4^-\cdot$ 发生猝灭反应,且反应速率远高于 $SO_4^-\cdot$ 的形成速率,降低了系统对污染物的去除效果(Liang et al., 2010):

$$Fe^{2+} + SO_4^-\cdot \longrightarrow Fe^{3+} + SO_4^{2-}$$

对于 Fe^0-PS 体系的研究尚处于起步阶段,需进一步明确 Fe^0 的作用,区分吸附作用与 $\cdot OH$ 在污染物降解方面的作用。Fe^0-PS 可用于前处理阶段,提高污染物的可生化降解性,随后结合生物处理技术,降低处理成本(李勇等,2014)。因此,后续可以开展 Fe^0 与其他活化技术联用或结合腐蚀化学来控制 Fe^0 的腐蚀速率,为体系提供持续稳定的 Fe^{2+},提高反应速率。

(7) 其他活化方式

目前,PS 活化技术正在发展和完善之中,其在环境领域的应用前景亦日趋广泛,针对不同的应用领域需要采用相应的新型活化技术。已有的 PS 活化技术中,热活化与光催化活化的能源消耗太高;过渡金属离子活化技术虽在常温下进行,但引入了金属离子二次污染,增加了后续处理成本;其他单一的新型活化技术均存在不同程度的限制。

近年来国内外学者尝试联合多种活化方式来协同强化 PS 活化程度,提高有机污染物的去除效率,同时发现醌类、酚类、酮类、醇类等有机物因含特定的氧化敏感型官能团结构(Ocampo,2009),能够在 PS 活化过程中起到传递电子的作用,并产生具有活化 PS 功能的自由基,显著强化了 PS 活化程度(Leng et al.,2013)。相关研究表明(Tan et al.,2012),引入络合剂能够改善 Fe^{2+} 活化 PS 的效果,提高污染物去除率。常用的络合剂有草酸(OA)、柠檬酸(CA)、乙二胺四乙酸(EDTA)以及乙二胺二琥珀酸(EDDS)等(Anotai et al.,2011;Wu et al.,2014)。Fang 等(2013)研究了腐殖酸(HA)与醌类化合物活化 PS 产生 $SO_4^-\cdot$ 氧化降解三氯联苯(PCB28)的机理。如图 4-8 所示,通过猝灭与电子顺磁共振研究了醌活化 PS 的机制,结果表明 PS 与醌类化合物激发 $SO_4^-\cdot$ 的产生过程取决于半醌自由基。

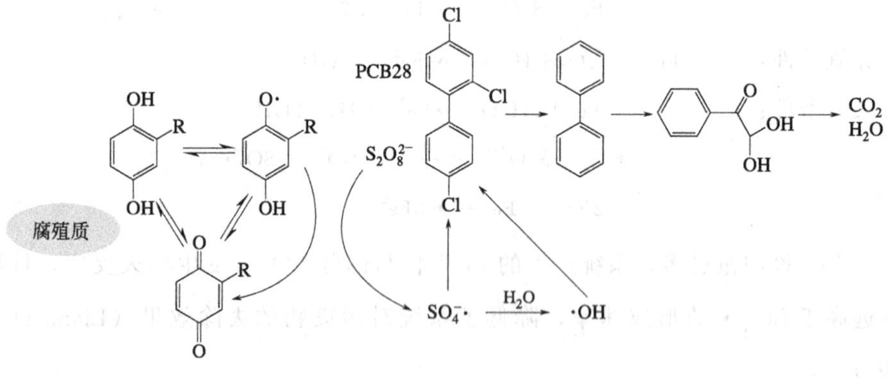

图 4-8 PS 与腐殖质体系氧化降解 PCB28 的机理

4.3.2 Fenton 法氧化去除精神活性物质

4.3.2.1 研究现状

Fenton 法是一种环境友好的高级氧化技术(Elmolla et al.,2009),结合实际废水中有机污染物的结构与性质,合理选择 Fenton 法及其联用技术进行预处理或深度处理,为持久性难降解有机物污染的废水的大规模处理提供了更多选择空间(刘静等,2015)。

Valcarcel 等（2012）首次调查了塔霍河与附近两个城市饮用水中的精神活性物质及其代谢物的水平，并利用异相光-Fenton 反应有效降解了污染物。Catala 等（2015）调查了排污口附近河流水体中精神活性物质及其代谢物的消减，评估了异相光-Fenton 反应处理精神活性物质前后的矿化程度与生态毒性。结果表明，在不同 H_2O_2 及催化剂负荷下，异相光-Fenton 反应均可显著降低精神活性物质的浓度，只有在固相催化剂充足（>0.6g/L）的条件下才可以完全消除生态毒性。该研究说明有必要结合生态毒性测试与化学分析，研发有效去除精神活性物质的高级氧化技术。Mackulak 等（2015a）报道了斯洛伐克郊区污水中的 27 种精神活性物质，其中浓度高于 30ng/L 的有 13 种（包括致幻剂、甲基苯丙胺、苯丙胺、可待因、可卡因、美沙酮等），一周内多数物质浓度较稳定，利用 Fenton 反应、类 Fenton 反应及高铁酸盐可以将这些物质氧化降解至检出限以下。Mackulak 等（2015b）分析了污水处理厂进出水中的 13 种精神活性物质及其代谢物，研究了可能的生化降解过程。研究发现污水中曲马多（413～853ng/L）和甲基苯丙胺（460～682ng/L）的浓度分别在冬季与夏季达到最高水平。利用 Fenton 反应及类 Fenton 反应降解污染物，去除率最低的分别是曲马多、文拉法辛、西酞普兰和去羟基安定等，去除率最高的是苯丙胺和 THC—COOH。

整体上，Fenton 氧化对精神活性物质的去除效果较好，但工程应用过程中需要选择合适的投加配比，降低运行成本及对水质的影响，同时，需要深入开展 Fenton 氧化降解精神活性物质过程中的产物环境风险评估，控制其生态环境污染。

4.3.2.2　UV/Fe^{2+}-H_2O_2 体系对甲基苯丙胺的降解机理研究

本课题组将紫外光（UV）引入 Fenton 体系，建立 UV/Fe^{2+}-H_2O_2 体系用于 METH 的降解，并探讨多种不同条件下 METH 的降解效果，对其原因及机理进行分析阐述，对 METH 的降解产物进行推导，同时考察这两种体系对实际水体中 METH 的降解效果，以期为水环境中 METH 乃至其他精神活性物质的污染治理提供一定的参考方向。

(1) 降解实验装置和不同体系降解效果

如图 4-9 所示，使用光化学反应器（XPA-7）作为实验装置，对比了不同实验条件下 METH 的降解效果，发现单独的 UV 照射几乎不能降解 METH，此条件下 METH 的去除率仅为 5%。由于 H_2O_2 的氧化还原电位较低，单独的 H_2O_2 也几乎不能降解 METH（去除率仅为 11%）。在 H_2O_2 中引入紫外光后，METH 在

30min 内的去除率有所提高（19%），这是由于 H_2O_2 可以部分裂解为强氧化性的 ·OH，这在一定程度上促进了 METH 的降解（Vorontsov，2018）。当采用 Fe^{2+} 活化 H_2O_2 降解 METH 时，METH 的去除率从 11% 提升至 90%，说明该 Fenton 体系对 METH 的降解效果良好。向该 Fenton 体系中引入紫外光后，METH 的去除率高达 97%，说明 UV/Fenton 体系比单独的 Fenton 体系更有利于 METH 的降解，该体系显著提高了 METH 的去除率。紫外光照射后，Fe^{2+}-H_2O_2 构成的 Fenton 体系能够产生更多的活性物种，且紫外光照射下 Fe^{2+} 和 Fe^{3+} 的氧化还原循环加速，促进了 METH 的降解（Wen et al.，2018）。

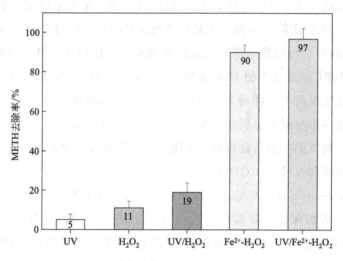

图 4-9　不同实验条件下 METH 的降解效果

（2）降解产物和机理

UV/Fe^{2+}-H_2O_2 体系主要产生羟基自由基（·OH）和过氧化羟基自由基（·O_2H）两种活性物种，其基本原理如式（4-1）和式（4-2）所示。研究通过在反应体系中分别添加不同浓度的自由基捕获剂叔丁醇（TBA）或苯醌（BQ）捕获体系中的 ·OH 和 ·O_2H，来考察 ·OH 和 ·O_2H 对 METH 降解的贡献大小。研究结果显示，当加入猝灭剂 BQ 或 TBA 后，METH 的降解被明显抑制，并且随着 BQ 和 TBA 浓度的增加，METH 的去除率逐渐降低。不添加自由基捕获剂时，METH 的去除率为 97%，当 BQ 和 TBA 的添加浓度为 20mmol 时，METH 的去除率仅分别为 37% 和 2%，说明 ·O_2H 和 ·OH 在 UV/Fe^{2+}-H_2O_2 降解 METH 过程中具有关键性作用，并且 ·OH 的贡献明显大于 ·O_2H，这可能归因于 ·OH 更高的氧化能力，该研究结果表明 ·OH 是 UV/Fe^{2+}-H_2O_2 反应体系的主要活性基团。研究结果如图 4-10 所示。

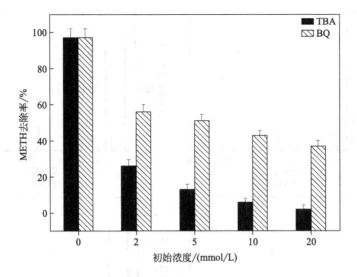

图 4-10 TBA 或 BQ 对 UV/Fe^{2+}-H_2O_2 体系降解 METH 的影响

$$Fe^{2+} + H_2O_2 \longrightarrow Fe^{3+} + \cdot OH + OH^- \qquad (4-1)$$

$$Fe^{3+} + H_2O_2 \longrightarrow Fe^{2+} + \cdot O_2H + H^+ \qquad (4-2)$$

通过 UPLC-MS/MS 推断出 UV/Fe^{2+}-H_2O_2 降解 METH 过程中 METH 的中间产物共有 6 种，其质谱图如图 4-11 所示。根据降解的中间产物，推测 UV/Fe^{2+}-H_2O_2 降解 METH 的路径，介绍如下。METH 受 ROS 的攻击断裂 C—C 键导致了 P1（质荷比为 91）的产生，METH 受 OH^- 的亲电取代，生成苯酚和 P3（质荷比为 73），苯酚进一步与 OH^- 反应生成 P2（质荷比为 110）。·OH 进攻 METH 的支链，生成中间体麻黄碱，中间体的支链上发生 C—C 键断裂生成 P4（质荷比为 56），同时 ·OH 进攻中间体的苯环，生成 P5（质荷比为 181），P5 支链上的 C—C 键断裂生成 P6（质荷比为 89）。

4.3.3 紫外/过硫酸盐法去除精神活性物质

4.3.3.1 紫外/过硫酸盐法对 KET 和 METH 的去除

KET 和 METH 是我国滥用量较大、水环境中最常见的精神活性物质，本课题组谷得明（2019）利用光化学反应器作为实验装置，研究了紫外（UV）、过硫酸盐（PS）和 UV/PS 三种不同反应体系对 KET 和 METH 的降解效果，探究不同反应条件对精神活性物质降解的影响。

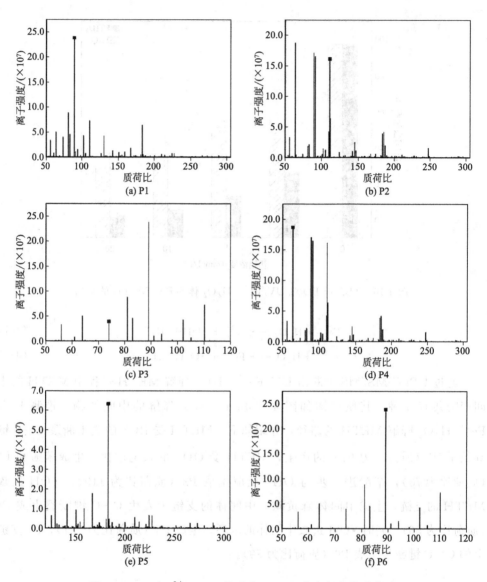

图 4-11 UV/Fe^{2+}-H_2O_2 体系中 METH 的中间产物质谱图

(1) 不同反应条件对 KET 和 METH 的降解效率

研究结果分别如图 4-12 和图 4-13 所示,其中 C_0 和 C 分别表示降解前后的浓度,UV、PS 和 UV/PS 分别表示紫外、过硫酸盐体系和紫外/过硫酸盐体系,k_{obs} 表示表观速率常数。三种反应体系中 KET 和 METH 的降解反应均能与准一级反应速率方程拟合且线性关系良好。当单独使用 UV 照射或者单独添加 PS 时,目标化合物的降解可以忽略不计。而在 UV/PS 反应条件下,KET 和 METH 均在

30min内被完全去除,其表观反应速率常数分别为0.193min^{-1}和0.118min^{-1}。该研究认为这可能是因为UV/PS反应体系中产生的羟基自由基(·OH)和硫酸根自由基(SO_4^-·)促进了目标化合物的降解。

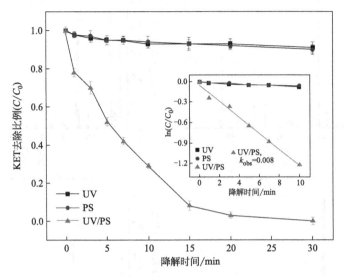

图4-12 不同反应体系对KET的降解

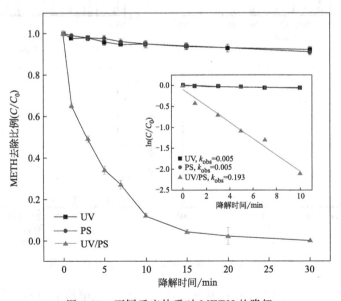

图4-13 不同反应体系对METH的降解

(2) UV/PS体系中KET的降解产物与机理

KET在降解过程中形成的中间产物可能对生态体系构成风险,利用UPLC-MS/MS对样品进行全扫描和产物离子扫描以鉴定KET的降解中间产物,其质谱图如图

4-14 所示。在 UV/PS 体系中，KET 有两种可能的转化路径，其中 KET 降解反应机制包括羟基化、脱羧基、脱甲基和脱水。

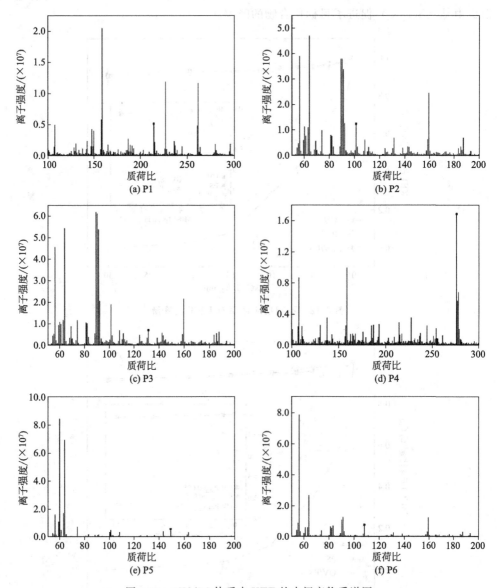

图 4-14　UV/PS 体系中 KET 的中间产物质谱图

降解路径 1 中，KET 发生羟基化，产生具有羧酸结构的中间产物，脱去一个 CO_2 分子形成中间产物 P1（质荷比为 213）。中间产物 P1 经过羟基化产生中间产物 P2（质荷比为 101）和 P3（质荷比为 131）。·OH 亲电攻击苯环从而形成酚羟基，芳环化合物与 SO_4^-·发生电子转移反应生成的阳离子自由基水解生成·OH

（Darsinou et al.，2015；Hazime et al.，2014）。$SO_4^-·$具有高度选择性，可以通过电子转移与苯环反应。非选择性的·OH可通过夺取氢原子或羟基加成与脂肪链或芳环发生反应（Minisci et al.，1983）。自由基猝灭实验表明，UV/PS体系中主要存在$SO_4^-·$和·OH两种自由基，这两种自由基均可降解KET，因此这两种自由基可能归因于羟基化过程。

降解路径2中，由于发生了脱甲基作用和KET的羟基化作用，形成了中间产物P4（质荷比为276）。根据之前的研究，脱甲基作用通常发生在自由基诱导的氧化过程中（Zhang et al.，2016）。因此，$SO_4^-·$可以通过甲基取代氢原子来诱导脱甲基反应。通过脱水反应进一步产生中间产物P5（质荷比为149）和P6（质荷比为108）。最终，所有的中间产物均被$SO_4^-·$和·OH进一步氧化成小分子化合物。

（3）UV/PS体系中METH的降解产物与机理

本课题组利用UPLC-MS/MS对样品进行全扫描和产物离子扫描，检测在UV/PS体系中METH的氧化降解过程中产生的降解中间产物。根据可能的中间产物的结构，推断在UV/PS体系中METH可能有两种转化路径。METH降解的反应机理包括羟基化、脱水、脱甲基和脱氨基作用。

降解路径1中，METH（质荷比为150）通过羟基化产生质荷比为166的中间产物P1，这与之前报道的降解机理相同（Kuo et al.，2015）。P1继续断裂—CH_3和—NH_2CH_3后生成中间产物P2（质荷比为119）。P3的分子量（质荷比为101）比P2的分子量低，表明P2脱水后生成P3。

降解路径2中，羟基自由基亲电攻击苯环从而形成酚羟基，芳环化合物与$SO_4^-·$发生电子转移反应生成的阳离子自由基水解生成·OH（Darsinou et al.，2015；Hazime et al.，2014）。$SO_4^-·$具有高度选择性，可以通过电子转移与苯环反应。非选择性的·OH可通过夺取氢原子或羟基加成与脂肪链或芳环发生反应（Minisci et al.，1983）。自由基猝灭实验表明，UV/PS体系中存在$SO_4^-·$和·OH两种自由基，两种自由基均可降解METH，因此这两种自由基可能归因于羟基化过程。METH断裂C—N键，丢失—CH_3后生成脱甲基的中间产物P4（质荷比为135）。因此，$SO_4^-·$可以通过甲基取代氢原子来诱导脱甲基反应。P4进一步发生脱氨基反应生成中间产物P5（质荷比为119），在此基础上进一步发生C—C键的断裂，丢失—C_2H_4后生成中间产物P6（质荷比为91）。最终，所有的中间产物均被$SO_4^-·$和·OH进一步氧化成小分子物质。

4.3.3.2 紫外/过硫酸盐法对EPH的去除

本课题组张恒等（2020）采用254nm的UV活化过硫酸盐（PS）技术去除水

中的麻黄碱（EPH），并研究了其降解动力学过程和降解机理。考察了 PS 投加量、EPH 的初始浓度、不同 pH 值及不同离子（HCO_3^-、NO_3^- 和 Cl^-）对降解效果的影响。结果表明，在实验条件下 UV 活化过硫酸盐工艺能有效去除 EPH，其氧化降解反应符合二级动力学方程。EPH 去除率随着 PS 投加量的增加而增大。pH 对降解反应有较大的影响，在 pH 为 7 的条件下，反应速率最快，表观反应动力学常数为 $0.467min^{-1}$。进一步研究表明，HCO_3^-、NO_3^- 和 Cl^- 对 EPH 的降解都存在抑制作用，在相同浓度下，其抑制程度依次为 $Cl^- > NO_3^- > HCO_3^-$。通过 UPLC-MS/MS 鉴定麻黄碱降解的中间体，并提出了可能的转化路径。

4.3.4　臭氧氧化技术去除精神活性物质

由于具有良好的氧化性能，O_3 氧化技术已经被应用于污水处理、饮用水净化等水处理领域。通常，O_3 氧化水中有机污染物的机理包括直接氧化和间接氧化。直接氧化是指 O_3 分子直接与水中的污染物发生反应，通常具有较强的选择性，含有氨基、不饱和键等富电子基团的有机物是容易被 O_3 分子攻击的对象；间接氧化是指 O_3 分子在溶液中发生自分解反应，通过产生的 ·OH 氧化降解污染物的过程。

Rodayan 等（2014）运用 O_3 降解浓度均为 $100\mu g/L$ 的 AMP、METH、MDMA、COC、BE、KET、OXY（氧可酮）模拟废水，利用 HPLC-MS 及差别分析法促进转化产物的鉴定。精神活性物质的去除率为 3%~50%，主要取决于基质成分及模拟废水中的污染物组成。鉴别了 MDMA、COC、OXY 及其瞬时性与持久性氧化产物的结构，并推测了可能的反应路径。该研究说明 O_3 可以不同程度地降解污水中的精神活性物质，同时产生持久性转化产物。

虽然 O_3 具有较强的氧化能力，但是其较高的氧化选择性导致其在短时间内对某些污染物的氧化效果不佳。另外，O_3 氧化过程中气液传质效率较低也是影响其氧化效率和经济适用性的因素之一。为了克服这些缺点，通常可将 UV 等技术与 O_3 氧化技术结合使用。

4.3.5　光催化氧化技术去除精神活性物质

光催化氧化技术最早发现于 1972 年，东京大学的 Fujishima 和 Honda 发现光照下 TiO_2 电极在水中能将水分解成 O_2 和 H_2，从此，人们开始了对光催化技术的研究。光催化的原理，就是光敏半导体材料在一定能量的光照射下，激发产生电子-空穴对，将其周围的 O_2、H_2O 转化为 ·OH、HO_2· 等自由基，这些自由基以及空穴都具有强氧化性，能氧化分解污染物，最终将其分解为 CO_2、H_2O 以及其他一些小分子，达到消除污染物的目的。

Kuo 等（2016）研究了 UV-TiO_2 光催化降解 METH 的动力学、中间体及产物，通过 HPLC-MS/MS 识别 METH 及其中间体，结合 TOC 与 IC 表征其矿化程度。当 pH=7 时，UV 催化 TiO_2（0.1g/L）在 3min 后降解了去离子水中的 METH（100mg/L），30min 后降解了污水厂二级出水中的 METH（76mg/L），降解过程符合一级动力学，通过中间体的识别，推测出两种可能的降解路径。Lin 等（2013）通过 UV-TiO_2/ZnO 光催化降解吗啡、KET 和 METH，结果显示单独 UV_{254} 能够降解部分目标物，而 UV_{365} 必须结合光催化剂才能有效降解目标物。UV_{254} 与 0.04g/L 的 TiO_2 联用效果最好，5min 内可降解三种目标物，而要达到与之相当的去除率，ZnO 使用量需超过 10 倍。三种目标物中，吗啡最易被光催化去除。

光催化氧化能够有效去除精神活性物质，改善其生化降解性，为后续生物处理提供条件。但粉末状光催化剂难以回收利用，其对光的利用范围窄，水中的离子对其降解过程存在一定影响。此外，有必要开展光催化同时降解多种精神活性物质的研究及其风险评估，为工程应用提供更有力的支持。

4.3.5.1 METH 的光降解

本课题组以典型精神活性物质 METH 作为研究对象，利用光反应仪研究 METH 在水环境中的光降解动力学和机理，包括不同环境因子下的直接光降解、间接光降解的动力学，以及光降解的产物和路径，对了解精神活性物质在水环境中的去除方式及其降解路径具有重要意义。

(1) 直接光降解和间接光降解动力学

直接光降解即污染物经过紫外光或可见光的照射后，直接降解为其他产物的过程。而在天然水体中，绝大部分污染物在环境中主要发生的不是直接光降解，而是间接光降解。间接光降解中，光敏化剂扮演着重要角色。通常光敏化剂会在光的作用下转变为激发态，经过一系列能量转换和传递后形成三线态，水中的溶解氧一旦与三线态的光敏化剂接触就会发生反应，生成羟基自由基、单线态氧等活性氧（ROS），ROS 因具有较高的活性和非选择性，很快会将水中的污染物氧化。水环境中，包括 DOM（溶解性有机物）等都能充当光敏化剂使污染物发生间接光降解，成为很多不易生物降解的有机污染物在环境中消失的重要途径。而腐殖酸（HA）是 DOM 的主要组成部分，在污染物间接光降解中发挥着不可替代的作用。

如图 4-15 所示为利用光反应仪模拟自然降解环境进行的直接光降解和间接光降解实验结果。该研究发现 METH 的直接光降解作用较弱，同时发现 METH 在黑暗中的光降解速率接近于 0，说明了 METH 在水环境中几乎不发生水解反应；而在光敏化剂 HA 的存在下，METH 的降解速率大幅增加，说明水体中 METH 的降解主要为间接光降解。研究发现间接光降解对水环境中 METH 的迁移转化具有重要意义，同时说明精神活性物质在水环境中的去除主要依靠间接光降解。

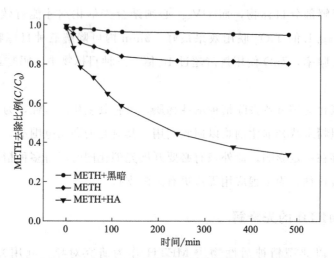

图 4-15　METH 的直接光降解和间接光降解速率
C 表示 METH 降解后浓度，C_0 表示 METH 降解前的初始浓度

(2) 环境因子对有机质降解速率的影响

在天然水体中，DOM 的存在对有机污染物的光化学行为有重要影响，HA 是水体中最重要的 DOM 之一。研究了不同浓度的 HA 对 METH 间接光降解的影响，实验结果见图 4-16。从图中可以看出，HA 浓度对 METH 降解速率的影响比较显著。在 HA 作用下，METH 的降解速率逐渐增大，尤其在低浓度 HA 作用下，METH 降解速率较大，表明在天然水体中，由 DOM 介导的间接光降解是一个精神活性物质降解的有效途径。然而，随着 HA 浓度的增加，表面吸附的 METH 越来越多，降低了 HA 的光敏化作用，抑制了污染物的进一步光降解。

该研究还考察了 pH 值在 HA 介导的 METH 间接光降解中的作用，结果发现在碱性条件下，METH 的降解速率明显加快，特别是在弱碱性条件下，METH 更易降解，但随着 pH 值的增大，过量的 OH^- 导致 METH 和带负电荷的 HA 表面

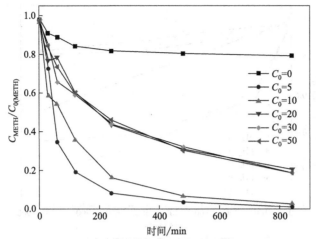

(a) 不同初始HA浓度条件下METH的降解曲线
其中C_0表示HA的不同初始浓度，$C_{0(METH)}$和$C_{(METH)}$分别表示降解前后METH的浓度

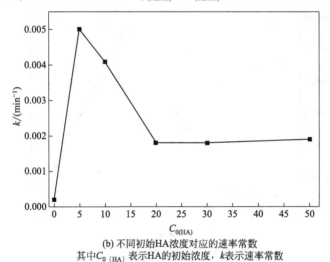

(b) 不同初始HA浓度对应的速率常数
其中$C_{0(HA)}$表示HA的初始浓度，k表示速率常数

图 4-16 HA 对 METH 光降解的影响

形成了排斥作用，影响了 METH 在 HA 表面的吸附。pH 对 METH 降解速率的影响如图 4-17 所示。

（3）METH 的光降解产物和降解路径

自然界中污染物的间接光降解主要是通过与光敏化剂产生的羟基自由基、单线态氧和三线态 DOM 等活性氧物质反应完成的，通过研究三种活性物质的猝灭反应，结果表明羟基自由基和单线态氧在 METH 的降解过程中起到主要作用，而三线态 DOM 对 METH 的光降解作用十分有限。

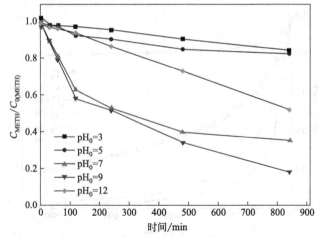

(a) 不同初始pH条件下METH的降解曲线
其中pH$_0$表示不同的初始pH，$C_{0(METH)}$ 和 $C_{(METH)}$ 分别表示降解前后METH的浓度

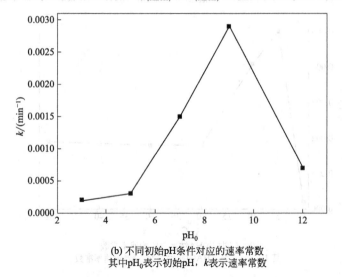

(b) 不同初始pH条件对应的速率常数
其中pH$_0$表示初始pH，k表示速率常数

图 4-17　pH 对 METH 降解的影响

由于 METH 在间接光降解过程中形成的中间体可能对水生生态系统造成潜在危害，因此对 METH 的降解产物进行分析有助于更完整地评估其在自然环境中造成的环境风险。通过对 HA 和 METH 的反应溶液进行质谱分析，研究对比 480min 内的产物质谱图，判断出 METH 降解过程中产生五种产物，如表 4-6 所示。根据质谱峰的质荷比大小以及母峰和子峰的关系，确定产物的分子量及化学键的断裂情况，从而推测出产物的结构，根据已有文献和产物生成先后顺序推导出 METH 的间接光降解可能的路径。

表4-6 METH在HA溶液中光降解的中间产物

中间产物编号	质荷比(m/z)	预测化学式
P1	166.1226	$C_{10}H_{16}NO$
P2	182.1176	$C_{10}H_{16}NO_2$
P3	119.0497	C_8H_7O
P4	166.0863	$C_9H_{12}NO_2$
P5	104.0621	C_8H_8

4.3.5.2 氯胺酮的光催化降解

本课题组通过原位沉淀法将Ag_3PO_4负载于磷掺杂石墨相氮化碳（P-g-C_3N_4），制备了一种Ag_3PO_4/P-g-C_3N_4复合材料，并将其应用于水环境中氯胺酮（KET）的去除，同时探讨了溶液pH值、溶解性有机质及无机盐离子等环境因子对KET降解的影响。对Ag_3PO_4/P-g-C_3N_4光催化降解KET的中间产物、降解路径进行了探讨，考察了三种不同实际水体中KET的降解效果，为水环境中精神活性物质的去除提供了一定的数据支撑。

（1）不同质量比例的Ag_3PO_4/P-g-C_3N_4材料对KET的降解

9种不同质量比例的Ag_3PO_4/P-g-C_3N_4复合材料对KET的降解效果如图4-18(a)所示。由图可知，当不加入任何催化剂时，KET几乎不降解，说明光降解对KET的影响可以忽略不计。在前30min吸附阶段，KET的去除率小于10%，说明可

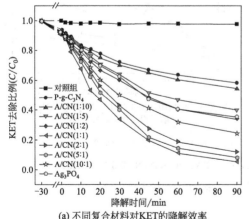

(a) 不同复合材料对KET的降解效率
其中A/CN表示复合材料中Ag_3PO_4与P-g-C_3N_4的质量比，C_0和C分别表示降解前后KET的浓度

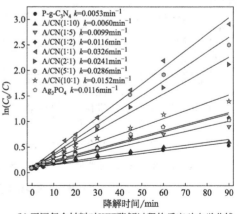

(b) 不同复合材料对KET降解过程的反应动力学曲线
其中C_0和C分别表示降解前后KET的浓度，A/CN表示复合材料中Ag_3PO_4与P-g-C_3N_4的质量比，k表示反应速率

图4-18 不同复合材料对KET光催化降解效率和反应动力学曲线

以忽略催化剂对KET的吸附作用。复合材料对KET的降解符合伪一级反应动力学方程，其动力学曲线如图4-18(b)所示。由该图可知，不同比例的Ag_3PO_4/P-g-C_3N_4复合材料对KET的降解效果存在明显差异。P-g-C_3N_4对KET的降解效果最差。随着Ag_3PO_4负载比例的提高，KET的降解效率逐渐升高，但当Ag_3PO_4负载比例进一步提高时，KET的降解效率不再升高反而逐渐下降。Ag_3PO_4与P-g-C_3N_4的质量比（简称A/CN）为1∶1时，复合材料对KET表现出最佳的降解效果，其在90min内对KET的降解效率达到99.95%，能够达到去除水环境中KET的目的。

(2) Ag_3PO_4/P-g-C_3N_4对KET降解的机理研究

通过加入不同的活性氧自由基捕获剂KI、异丙醇（IPA）、苯醌（BQ）和NaN_3，鉴定了Ag_3PO_4/P-g-C_3N_4降解KET体系中的主要活性物质，发现·OH和·O_2^-是Ag_3PO_4/P-g-C_3N_4降解KET反应体系的主要活性物种，实验结果如图4-19所示。并采用电子自旋共振波谱法（electron spin resonance spectroscopy，ESR），加入自由基捕获剂DMPO对反应体系中的羟基自由基和超氧阴离子自由基进行了检验，结果进一步证实了Ag_3PO_4/P-g-C_3N_4复合材料比单一的Ag_3PO_4或P-g-C_3N_4材料对KET具有更好的光催化降解效果，如图4-20所示。

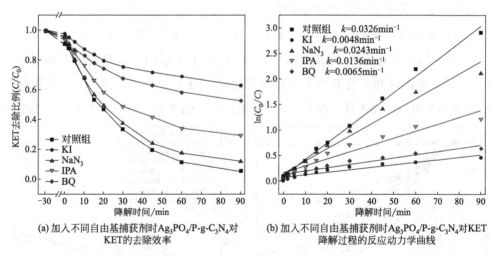

(a) 加入不同自由基捕获剂时Ag_3PO_4/P-g-C_3N_4对KET的去除效率

(b) 加入不同自由基捕获剂时Ag_3PO_4/P-g-C_3N_4对KET降解过程的反应动力学曲线

图4-19 复合材料对KET光催化降解效率和反应动力学曲线

其中C_0和C分别表示降解前后KET的浓度；KI、IPA、BQ和NaN_3分别表示碘化钾、异丙醇、苯醌和叠氮化钠，k表示反应速率

(3) 对实际水体中KET的光催化降解

为考察实际水体中复合材料对KET的光催化降解效果，分别取自来水（TAP）、北京市清河河水（QH）和北京市某污水厂二级出水（SE），以去离子水

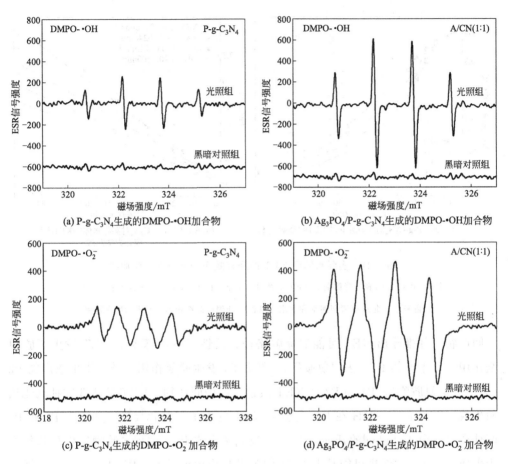

图 4-20 单一材料和复合材料产生自由基的 ESR 谱图
其中 A/CN 表示复合材料中 Ag_3PO_4 与 $P-g-C_3N_4$ 的质量比

(MQ) 为对照组，添加定量 KET 和 $Ag_3PO_4/P-g-C_3N_4$ 复合材料进行光催化降解模拟实验，结果如图 4-21 所示。没有光照条件的对照组（MQ），KET 的去除率均小于 10%，说明实际水体中复合材料对 KET 的吸附作用可以忽略不计。KET 在自来水和地表河水中的降解速率均高于污水处理厂二级出水中的降解速率。这是由于污水处理厂二级出水中含有更多的溶解性有机物以及无机盐离子，而高浓度的溶解性有机物和无机盐离子会猝灭反应体系中的活性氧自由基，同时占据复合材料表面的活性位点，从而导致了 KET 降解效率的下降。研究结果表明，$Ag_3PO_4/P-g-C_3N_4$ 复合材料对实际水体中的 KET 也表现出较好的降解效果。

(4) 降解产物和路径

通过 UPLC-MS/MS 对样品进行全扫描和产物离子扫描，鉴定出 KET 的 12 种

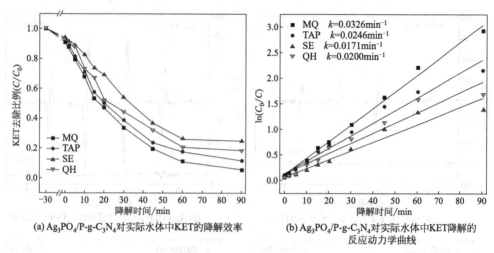

图 4-21 实际水体中 KET 的降解效率和反应动力学曲线

其中 C_0 和 C 分别表示降解前后 KET 的浓度，MQ、TAP、QH 和 SE 分别表示去离子水、自来水、北京市清河河水和北京市某污水处理厂二级出水，k 表示反应速率

中间产物，并推导出 KET 可能的降解路径。活性氧自由基攻击 KET 发生了脱甲基作用，产生产物 P1（去甲氯胺酮），然后 P1 发生脱氢作用，进一步生成产物 P2（去甲去氢氯胺酮）。P1 和 P2 是 KET 最常见的中间产物。KET 被活性物种氧化从而生成了产物 P3。·OH 在 KET 的环己酮上发生了羟基化反应，产生了 P4 和 P5 两种产物，由于环己酮的开环作用，P5 被氧化生成 P6。去甲氯胺酮发生羟基化作用生成产物 P7，P7 也可能是由于 P4 的脱甲基作用形成的，P7 进一步发生脱氨基作用生成了产物 P8。去甲氯胺酮的羟基化导致了产物 P11 的生成。当加氢作用发生在去甲氯胺酮上时，生成了产物 P9，P9 随后发生的羟基化作用导致生成产物 P10。KET 上发生的 Na^+ 取代作用及羟基化作用生成产物 P12。研究认为，KET 被 $Ag_3PO_4/P\text{-}g\text{-}C_3N_4$ 光催化降解的路径主要包含脱甲基作用、脱氢作用、羟基化作用、脱氨基作用、开环作用及 Na^+ 取代作用。

4.3.5.3 麻黄碱的光催化降解

本课题组利用沉淀-沉积法合成了一系列比例成分的 $AgBr/P\text{-}g\text{-}C_3N_4$ 复合材料，并将其应用于水环境中 EPH 的去除。对 EPH 的降解产物和降解路径进行了探讨，同时考察实际水环境中 EPH 的降解效果，为实际水体中 EPH 的去除及水资源的循环利用提供一定的数据支撑。

(1) AgBr/P-g-C$_3$N$_4$ 材料对 EPH 的降解

不同比例成分的 AgBr/P-g-C$_3$N$_4$ 材料对 EPH 均表现出一定的降解效果。由图 4-22(a) 可知，P-g-C$_3$N$_4$ 能在 90min 内降解 80.36% 的 EPH，AgBr 在 90min 内对 EPH 的降解效率可达 92.73%，而 AgBr/P-g-C$_3$N$_4$ 复合材料在 AgBr 和 P-g-C$_3$N$_4$ 质量比为 5∶1 时，能在 60min 内降解 99.88% 的 EPH。由图 4-22(b) 可知，复合材料对 EPH 的降解符合伪一级反应动力学方程。对于 AgBr/P-g-C$_3$N$_4$ 复合材料，随着 AgBr 比例的增加，复合材料对 EPH 的降解性能逐渐增强，但是随着 AgBr 在复合材料中的质量比进一步增加（10∶1），EPH 的降解效率不再增加。研究结果表明，将 AgBr 负载在 P-g-C$_3$N$_4$ 上可以明显提高复合材料对 EPH 的光催化降解效果，对 EPH 有很好的去除效果。

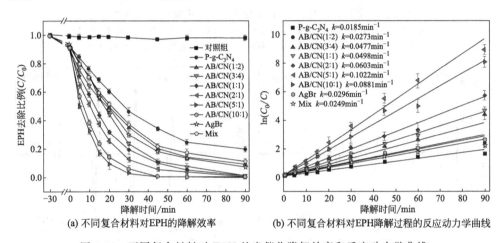

(a) 不同复合材料对EPH的降解效率　　(b) 不同复合材料对EPH降解过程的反应动力学曲线

图 4-22　不同复合材料对 EPH 的光催化降解效率和反应动力学曲线

其中 C_0 和 C 分别表示降解前后 EPH 的浓度，AB/CN 表示复合材料中 AgBr 与 P-g-C$_3$N$_4$ 的质量比，k 表示反应速率，Mix 表示 AgBr 和 P-g-C$_3$N$_4$ 按质量比 1∶1 混合投加

(2) AgBr/P-g-C$_3$N$_4$ 对 EPH 降解的机理研究

加入不同的自由基捕获剂乙二胺四乙酸二钠（EDTA-2Na）、异丙醇（IPA）、苯醌（BQ）和 NaN$_3$，鉴定发现空穴（h$^+$）和超氧阴离子自由基（·O$_2^-$）是 AgBr/P-g-C$_3$N$_4$ 光催化降解 EPH 反应体系中的主要活性物种（active species），实验结果如图 4-23 所示。并采用电子自旋共振波谱法（electron spin resonance spectroscopy，ESR），加入自由基捕获剂 5,5-二甲基-1-吡咯啉-N-氧化物（5,5-dimethyl-1-pyrroline-N-oxide，DMPO）对反应体系中的自由基进行了检验，结果进一步证实了 AgBr/P-g-C$_3$N$_4$ 复合材料比单一的 AgBr 和 P-g-C$_3$N$_4$ 材料对 EPH 具有更好的光催化降解效果，如图 4-24 所示。

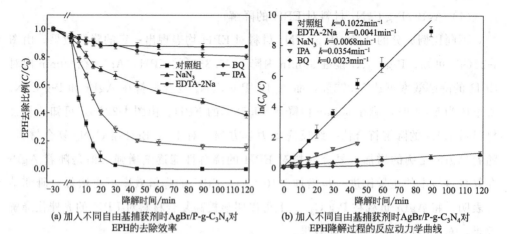

图 4-23 复合材料对 EPH 的光催化降解效率和反应动力学曲线
其中 C_0 和 C 分别表示降解前后 EPH 的浓度，EDTA-2Na、IPA、BQ 和 NaN$_3$
分别表示乙二胺四乙酸二钠、异丙醇、苯醌和叠氮化钠，k 表示反应速率

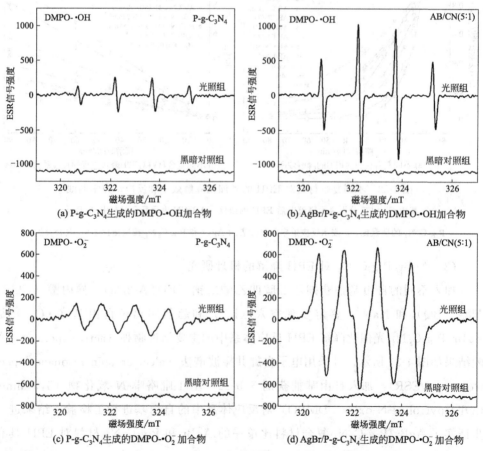

图 4-24 单一材料和复合材料产生自由基的 ESR 谱图
其中 AB/CN 表示复合材料中 AgBr 与 P-g-C$_3$N$_4$ 的质量比

(3) 实际水体中 EPH 的降解

为考察 AgBr/P-g-C₃N₄ 在污水处理中的实际应用价值，将制备的 AgBr/P-g-C₃N₄（AgBr 与 P-g-C₃N₄ 质量比为 5∶1）复合材料用于实际水体中的 EPH 降解。分别取自来水、北京市清河河水和北京市某污水处理厂二级出水，以去离子水为对照，添加定量 EPH 和 AgBr/P-g-C₃N₄ 复合材料进行光催化降解模拟实验，结果如图 4-25 所示。由图可以看出，与对照组相比，EPH 在自来水中的降解速率几乎与对照组相同，而在清河河水中的降解速率变慢，但 90min 后 EPH 也能被完全降解。EPH 在污水处理厂出水中的降解速率明显低于在去离子水中的降解速率，但 90min 后 EPH 的去除率也可达到 92.80%，说明 EPH 在自来水、地表水及污水处理厂二级出水中也表现出较好的降解效率。而污水处理厂出水中含有较多的无机盐离子及较高浓度的溶解性有机物，过高浓度的盐离子和溶解性有机物会导致 EPH 降解效率的下降。

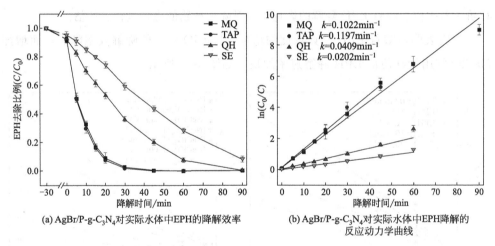

图 4-25 实际水体中 EPH 的降解效率和反应动力学曲线

其中 C_0 和 C 分别表示降解前后 EPH 的浓度，MQ、TAP、QH 和 SE 分别表示去离子水、自来水、北京市清河河水和北京市某污水处理厂二级出水，k 表示反应速率

(4) EPH 中间产物及降解路径

采用 UPLC-MS/MS 对 EPH 的中间产物进行了鉴定，共鉴定出 EPH 的 17 种中间产物，归纳出 AgBr/P-g-C₃N₄ 对 EPH 的降解路径。AgBr/P-g-C₃N₄ 光催化降解 EPH 的路径主要包含羟基化作用、脱甲基作用、脱氨基作用、氧化作用、取代反应、脱水反应和还原反应等。

4.3.6 其他高级氧化技术去除精神活性物质

4.3.6.1 次氯酸钠氧化去除 EPH

麻黄碱（EPH）常用作治疗流感、哮喘或低血压的药物，也是合成精神活性物质 METH 的前体。EPH 会随着人体排泄物进入污水处理厂，由于很难在污水处理厂中完全去除，EPH 作为一种新污染物广泛存在于自然水环境中，对生态系统具有潜在的风险。本课题组前期的调查（张艳，2017）也发现，EPH 是北京 7 条城市河流中的主要精神活性物质之一。

氯化消毒被广泛应用于饮用水的消毒过程，可以有效地去除病原体，但氯化过程会产生消毒副产物，对人类健康构成威胁。本课题组张恒等（Zhang et al.，2020）用 NaClO 模拟氯化消毒过程，首次研究了 EPH 在氯化消毒过程中的降解及其机理，评价了各水质参数对 EPH 降解的影响，并对降解产物的毒性进行了评估。

研究表明，随着 EPH 初始浓度的增加，NaClO 对其的降解效率降低，而增加 NaClO 的用量则使得 EPH 降解速率加快，如图 4-26 所示。

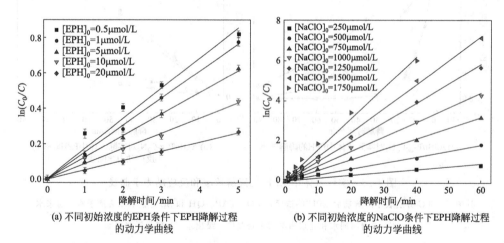

(a) 不同初始浓度的EPH条件下EPH降解过程的动力学曲线

(b) 不同初始浓度的NaClO条件下EPH降解过程的动力学曲线

图 4-26 NaClO 降解 EPH 的反应动力学曲线

其中 C_0 和 C 分别表示降解前后 EPH 的浓度

研究结果发现，pH 对次氯酸钠降解麻黄碱的反应有决定性影响。当 pH 为 1 和 3 时，次氯酸钠氧化降解麻黄碱的反应被严重抑制，反应速率低于 0.0069min^{-1}；当 pH 为 6 和 8 时，次氯酸钠氧化降解麻黄碱的反应明显加快，反应速率高于 0.077min^{-1}；当 pH 为 10 时，次氯酸钠氧化降解麻黄碱的反应极快，在1min内降解了99%。这主要是由于EPH与NaClO反应过程中形成的氯胺等中间产物影响了反应速率。研究结果如图4-27和图4-28所示。

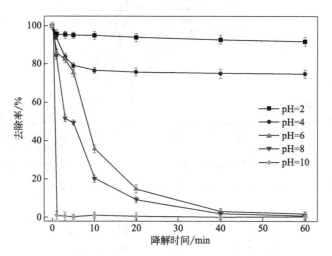

图4-27　初始pH对NaClO降解EPH的影响

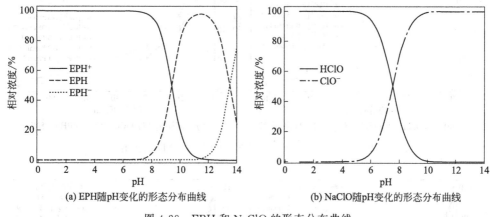

(a) EPH随pH变化的形态分布曲线　　　(b) NaClO随pH变化的形态分布曲线

图4-28　EPH和NaClO的形态分布曲线

EPH氯化降解过程是在NaClO存在时进行的。考察了不同阳离子（Fe^{3+}、Cu^{2+}、Mg^{2+}和Ca^{2+}）和阴离子（NO_3^-、SO_4^{2-}、Br^-和I^-）对EPH氯化降解的影响，并采用超高效液相色谱串联质谱（UPLC-MS/MS）对降解中间产物进行了鉴定，分别如图4-29、图4-30和图4-31所示。结果发现，即使在微量浓度水平，Fe^{3+}和Cu^{2+}也会对EPH的降解具有抑制作用，而NO_3^-、SO_4^{2-}、Mg^{2+}和Ca^{2+}对NaClO降解EPH的影响不大。

麻黄碱降解过程生成了10种中间产物，其降解过程包括亲电取代、脱水和消除反应等，最后中间产物通过进一步氧化生成多种小分子。

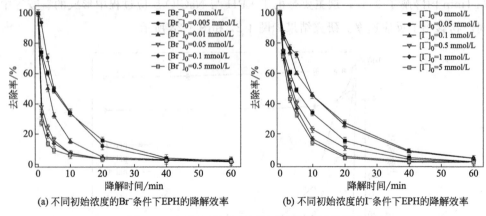

图 4-29 Br⁻ 和 I⁻ 对 NaClO 降解 EPH 的影响

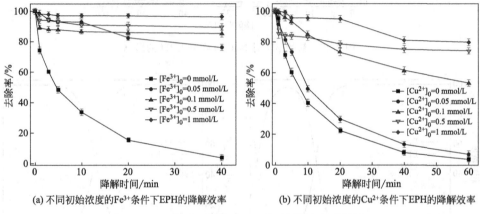

图 4-30 Fe^{3+} 和 Cu^{2+} 对 NaClO 降解 EPH 的影响

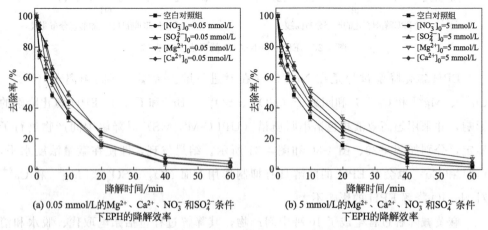

图 4-31 Mg^{2+}、Ca^{2+}、NO_3^- 和 SO_4^{2-} 对 NaClO 降解 EPH 的影响

根据发光细菌相对发光强度与水中毒性组分呈显著负相关的原理，该研究通过发光细菌青海弧菌（V. qinghaiensis sp. nov）评价了EPH及其降解产物的毒性。如图4-32所示，结果发现，EPH在氯化消毒过程中的降解产物比母体化合物毒性更大，在40min时的降解产物毒性最大。研究结果表明精神活性物质在氯化消毒过程中产生的消毒副产物毒性可能会增加，甚至威胁人类健康，需要引起足够的重视并开展进一步的研究。

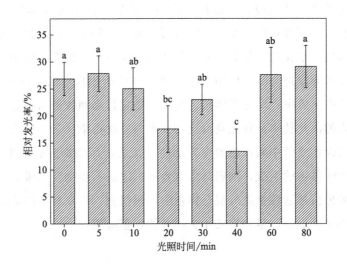

图4-32　发光细菌毒性试验情况

a，c，ab，bc分别表示是否具有显著性差异，相对发光率为发光细菌在样品中发光强度与空白对照中发光强度之比

4.3.6.2　其他高级氧化技术去除精神活性物质

Spasiano等（2016）利用UV_{254}-H_2O_2技术降解不同水基质中的BE（可卡因的主要代谢物），结合竞争动力学方法研究了BE与光生·OH之间的动力学常数，并通过月牙藻（Selenastrum bibraianum）、大型蚤（Daphnia magna）、蚕豆（Vicia faba L.）和秀丽隐杆线虫（C. elegans）等四种受体生物评估了降解前后的生态毒性。结果表明，BE及其转化副产物对月牙藻没有显著影响，而大型蚤的脂肪滴增加，秀丽隐杆线虫对BE及其副产物最敏感。此外，蚕豆的遗传毒理学试验表明细胞性损伤发生在原发性根部细胞的有丝分裂过程中。Russo等（2016）利用UV_{254}-H_2O_2降解纯水、合成污水、实际污水与地表水中的BE。在中性条件下，UV_{254}-H_2O_2能够有效降解BE，其去除率受水体基质的影响。质谱分析表明反应

体系内 BE 浓度显著降低，转化产物随后增加，然而，这些物质的潜在毒性仍未可知。

4.4 小结

现有水处理技术不能完全去除各种精神活性物质，需根据目标物理化性质、水源特征、工艺条件、环境因素等条件，选择合适的深度处理或高级氧化水处理技术，以降低其生态环境风险。此外，现有研究大多局限于室内模拟，实际工程中的应用技术还需进一步完善，部分研究工作还有待加强：①结合有机污染物结构，加强现有成熟技术的改进与综合应用，深入研究多种活化技术联用体系的反应机制，提高污染物的去除效率；②开发廉价、高效、稳定且易回收的新型催化剂，探究天然有机化合物的活化技术，降低技术应用成本与二次污染；③开展高级氧化反应体系降解精神活性物质的中间产物的综合毒性以及二次污染物的叠加生态风险评价，减少有毒物质前体物的生成，削弱其毒性效应；④进一步阐明高级氧化技术处理实际废水以及多种精神活性物质等混合体系的作用机制，采取相应措施削弱干扰离子等因素引发的猝灭反应，尽快推动相关技术的工程应用。

参考文献

包木太，王娜，陈庆国，等，2008.Fenton 法的氧化机理及在废水处理中的应用进展 [J].化工进展，5：660-665.

陈晓旸，薛智勇，吴丹，等，2009.基于硫酸自由基的高级氧化技术及其在水处理中的应用 [J].水处理技术，35 (5)：16-20.

崔晓宇，曾萍，邱光磊，等，2012.Fenton 法处理黄连素废水试验 [J].环境科学研究，25 (8)：916-921.

樊杰，曾萍，张盼月，等，2014.Fenton-超声联合处理金刚烷胺制药废水 [J].环境工程学报，8 (5)：1744-1748.

范聪剑，刘石军，刘哲，等，2015.过硫酸盐技术去除水中有机污染物的研究进展 [J].环境科学与技术，38 (S1)：136-141.

高焕方，龙飞，曹园城，等，2015.新型过硫酸盐活化技术降解有机污染物的研究进展 [J].环境工程学报，9 (12)：5659-5664.

谷得明，郭昌胜，冯启言，等，2020.精神活性物质在北京市某污水处理厂中的污染特征与生态风险 [J].环境科学，33 (3)：659-667.

谷得明，2019.高级氧化技术对典型精神活性物质的降解机理研究 [D].北京：中国矿业大学.

郭盛，2013.新型 Fe_2O_3/氧化石墨烯催化剂的制备及其吸附与可见光 Fenton 降解有机污染物的

研究 [D]. 武汉：武汉理工大学.

郭忠凯, 2014. 硫酸根自由基的定量分析技术及在高级氧化工艺中的应用 [D]. 哈尔滨：哈尔滨工业大学.

贾艳萍, 姜成, 贾心倩, 等, 2015. SBR 工艺处理预发酵屠宰废水的应用研究 [J]. 硅酸盐通报, 34 (10)：2876-2880.

金鹏康, 郑未元, 王先宝, 等, 2015. 倒置 A^2/O 与常规 A^2/O 工艺除磷效果对比 [J]. 环境工程学报, 9 (2)：501-505.

李社锋, 王文坦, 邵雁, 等, 2016. 活化过硫酸盐高级氧化技术的研究进展及工程应用 [J]. 环境工程, 34 (9)：171-174.

李勇, 金伟, 王卫刚, 等, 2014. 零价铁/过硫酸盐体系降解有机污染物的研究进展 [J]. 水处理技术, 40 (3)：18-21.

李再兴, 左剑恶, 剧盼盼, 等, 2013. Fenton 氧化法深度处理抗生素废水二级出水 [J]. 环境工程学报, 7 (1)：132-136.

廖云燕, 刘国强, 赵力, 等, 2014. 利用热活化过硫酸盐技术去除阿特拉津 [J]. 环境科学学报, 34 (4)：931-937.

林恒, 张晖, 2015. 电-Fenton 及类电-Fenton 技术处理水中有机污染物 [J]. 化学进展, 27 (8)：1123-1132.

林金华, 2014. Fenton 氧化法和过硫酸盐氧化法深度处理焦化废水对比研究 [D]. 太原：太原理工大学.

林于廉, 田伟, 杨志敏, 等, 2013. 微波-Fenton 对沼液中抗生素和激素的高级氧化 [J]. 环境工程学报, 7 (1)：164-168.

刘海龙, 张忠民, 赵霞, 等, 2014. 活性炭催化过氧化氢去除荧光增白剂 [J]. 环境科学, 35 (6)：2201-2208.

刘静, 王杰, 孙金诚, 等, 2015. Fenton 及改进 Fenton 氧化处理难降解有机废水的研究进展 [J]. 水处理技术, 41 (2)：6-16.

龙安华, 雷洋, 张晖, 等, 2014. 活化过硫酸盐原位化学氧化修复有机污染土壤和地下水 [J]. 化学进展, 26 (5)：898-908.

栾海彬, 2015. 热活化过硫酸盐对环境激素、PPCPs 等有机污染物的降解研究 [D]. 扬州：扬州大学.

马京帅, 吕文英, 刘国光, 等, 2016. 吉非罗齐在热活化过硫酸盐体系中的降解机制研究 [J]. 环境科学学报, 36 (10)：3774-3783.

潘维倩, 张广山, 郑彤, 等, 2014. 微波耦合类 Fenton 处理水中对硝基苯酚 [J]. 中国环境科学, 34 (12)：3112-3118.

荣亚运, 师林丽, 张晨, 等, 2016. 热活化过硫酸盐氧化去除木质素降解产物 [J]. 化工学报, 67 (6)：2618-2624.

时鹏辉, 2013. 非均相 Co_3O_4/GO/PMS 体系催化氧化降解染料废水的研究 [D]. 上海：东华大学.

唐致文, 2010. A^2/O 工艺处理系统脱氮除磷优化研究 [D]. 哈尔滨：哈尔滨工业大学.

王萍, 2010. 过硫酸盐高级氧化技术活化方法研究 [D]. 青岛: 中国海洋大学.

王烨, 蒋进元, 周岳溪, 等, 2012. Fenton法深度处理腈纶废水的特性 [J]. 环境科学研究, 25 (8): 911-915.

杨世迎, 陈友媛, 胥慧真, 等, 2008. 过硫酸盐活化高级氧化新技术 [J]. 化学进展, 9: 1433-1438.

余谟鑫, 王书文, 黄思思, 等, 2008. 活性炭催化过氧化氢氧化脱附其表面吸附的二苯并噻吩 [J]. 化工学报, 6: 1425-1429.

曾丹林, 刘胜兰, 张崎, 等, 2015. Fenton及其联合法处理有机废水的研究进展 [J]. 工业水处理, 35 (4): 14-24.

张恒, 吴琳琳, 陈力可, 等, 2020. UV-254nm活化过硫酸盐降解麻黄碱的影响因素和机理 [J]. 环境化学, 39 (6): 1607-1616.

张咪, 2014. 过硫酸盐高级氧化技术降解对硝基苯酚的研究 [D]. 武汉: 华中科技大学.

张艳, 2017. 水环境中精神活性物质的分析方法及其应用研究 [D]. 北京: 中国环境科学研究院.

赵德龙, 王中琪, 杨鹏, 等, 2012. Fenton法对合成制药废水的预处理试验研究 [J]. 安全与环境学报, 12 (2): 50-53.

周雪飞, 张亚雷, 代朝猛, 2008. 饮用水处理中药物和个人护理用品去除特性的研究进展 [J]. 环境与健康杂志, 25 (11): 1024-1027.

左传梅, 2012. Fe(Ⅱ)活化过硫酸盐高级氧化技术处理染料废水研究 [D]. 重庆: 重庆大学.

Al-Shamsi M A, Thomson N R, 2013. Treatment of organic compounds by activated persulfate using nanoscale zerovalent iron [J]. Industrial and Engineering Chemistry Research, 2013, 52 (38): 13564-13571.

Andres-Costa M J, Rubio-Lopez N, Suarez-Varela M M, et al., 2014. Occurrence and removal of drugs of abuse in Wastewater Treatment Plants of Valencia (Spain) [J]. Environmental Pollution, 2014, 194: 152-162.

Anotai J, Bunmahotama W, Lu M, 2011. Oxidation of aniline with sulfate radicals in the presence of citric acid [J]. Environmental Engineering Science, 28 (3): 207-215.

Baker D R, Kasprzyk-Hordern B, 2013. Spatial and temporal occurrence of pharmaceuticals and illicit drugs in the aqueous environment and during wastewater treatment: New developments [J]. Science of the Total Environment, 454-455: 442-456.

Beitz T, Bechmann W, Mitzner R, 1998. Investigations of reactions of selected azaarenes with radicals in water. 1. hydroxyl and sulfate radicals [J]. The Journal of Physical Chemistry A, 102 (34): 6760-6765.

Berset J D, Brenneisen R, Mathieu C, 2010. Analysis of llicit and illicit drugs in waste, surface and lake water samples using large volume direct injection high performance liquid chromatography—Electrospray tandem mass spectrometry (HPLC-MS/MS) [J]. Chemosphere, 81 (7): 859-866.

Boleda M R, Galceran M T, Ventura F, 2009. Monitoring of opiates, cannabinoids and their metabolites in wastewater, surface water and finished water in Catalonia, Spain [J]. Water Research, 43 (4): 1126-1136.

Boleda M R, Majamaa K, Aerts P, et al., 2010. Removal of drugs of abuse from municipal wastewater using reverse osmosis membranes [J]. Desalination and Water Treatment, 21 (1-3): 122-130.

Boles T H, Wells M J M, 2010. Analysis of amphetamine and methamphetamine as emerging pollutants in wastewater and wastewater-impacted streams [J]. Journal of Chromatography A, 1217 (16): 2561-2568.

Bones J, Thomas K V, Paull B, 2007. Using environmental analytical data to estimate levels of community consumption of illicit drugs and abused pharmaceuticals [J]. Journal of Environmental Monitoring Jem, 9 (7): 701-707.

Catala M, Dominguez-Morueco N, Migens A, et al., 2015. Elimination of drugs of abuse and their toxicity from natural waters by photo-Fenton treatment [J]. Science of the Total Environment, 520: 198-205.

Chin Y P, Aiken G R, Danielsen K M, 1997. Binding of pyrene to aquatic and commercial humic substances: The role of molecular weight and aromaticity [J]. Environmental Science & Technology, 31 (6): 1630-1635.

Cincinelli A, Martellini T, Coppini E, et al., 2015. Nanotechnologies for removal of pharmaceuticals and personal care products from water and wastewater: A review [J]. Journal of Nanoscience and Nanotechnology, 15: 3333-3347.

Darsinou B, Frontistis Z, Antonopoulou M, et al., 2015. Sono-activated persulfate oxidation of bisphenol A: Kinetics, pathways and the controversial role of temperature [J]. Chemical Engineering Journal, 280: 623-633.

Du P, Li K, Li J, et al., 2015. Methamphetamine and ketamine use in major Chinese cities, a nationwide reconnaissance through sewage-based epidemiology [J]. Water Research, 84: 76-84.

Elmolla E, Chaudhuri M, 2009. Optimization of Fenton process for treatment of amoxicillin, ampicillin and cloxacillin antibiotics in aqueous solution [J]. Journal of Hazardous Materials, 170 (2-3): 666-672.

Fang G, Gao J, Dionysiou D D, et al., 2013. Activation of persulfate by quinones: Free radical reactions and implication for the degradation of PCBs [J]. Environmental Science & Technology, 47 (9): 4605-4611.

Fernandez-Fontaina E, Omil F, Lema J M, et al., 2012. Influence of nitrifying conditions on the biodegradation and sorption of emerging micropollutants [J]. Water Research, 46 (16): 5434-5444.

Frierdich A J, Helgeson M, Liu C, et al., 2015. Iron atom exchange between hematite and aqueous Fe(II) [J]. Environmental Science & Technology, 49 (14): 8479-8486.

Furman O S, Teel A L, Ahmad M, et al., 2011. Effect of basicity on persulfate reactivity [J].

Journal of Environmental Engineering, 137 (4): 241-247.

Furman O S, Teel A L, Watts R J, 2010. Mechanism of base activation of persulfate [J]. Environmental Science & Technology, 44 (16): 6423-6428.

Georgi A, Kopinke F D, 2005. Interaction of adsorption and catalytic reactions in water decontamination processes: Part I. Oxidation of organic contaminants with hydrogen peroxide catalyzed by activated carbon [J]. Applied Catalysis B Environmental, 58 (1-2): 9-18.

Gibs J, Stackelberg P E, Furlong E T, et al., 2007. Persistence of pharmaceuticals and other organic compounds in chlorinated drinking water as a function of time [J]. Science of the Total Environment, 373 (1): 240-249.

Golovko O, Kumar V, Fedorova G, et al., 2014. Removal and seasonal variability of selected analgesics/anti-inflammatory, anti-hypertensive/cardiovascular pharmaceuticals and UV filters in wastewater treatment plant [J]. Environmental Science and Pollution Research, 21: 7578-7585.

Guo C, Chen M, Wu L, et al., 2019. Nanocomposites of Ag_3PO_4 and phosphorus-doped graphitic carbon nitride for ketamine removal [J]. ACS Applied Nano Materials, 2: 2817-2829.

Guo R, Xie X, Chen J, 2015. The degradation of antibiotic amoxicillin in the Fenton-activated sludge combined system [J]. Environmental Technology, 36 (7): 844-51.

Hazime R, Nguyen Q H, Ferronato C, et al., 2014. Comparative study of imazalil degradation in three systems: UV/TiO_2, $UV/K_2S_2O_8$ and $UV/TiO_2/K_2S_2O_8$ [J]. Applied Catalysis B Environmental, 144: 286-291.

Hori H, Yamamoto A, Hayakawa E, et al., 2005. Efficient decomposition of environmentally persistent perfluorocarboxylic acids by use of persulfate as a photochemical oxidant [J]. Environmental Science & Technology, 39 (7): 2383-2388.

Hua W, Bennett E R, Letcher R J, 2006. Ozone treatment and the depletion of detectable pharmaceuticals and atrazine herbicide in drinking water sourced from the upper Detroit River, Ontario, Canada [J]. Water Research, 40 (12): 2259-2266.

Huang H, Lu M, Chen J, et al., 2003. Catalytic decomposition of hydrogen peroxide and 4-chlorophenol in the presence of modified activated carbons [J]. Chemosphere, 51: 935-943.

Huang Y F, Huang Y H, 2009. Identification of produced powerful radicals involved in the mineralization of bisphenol A using a novel $UV-Na_2S_2O_8/H_2O_2-Fe(II, III)$ two-stage oxidation process [J]. Journal of Hazardous Materials, 162 (2-3): 1211-1216.

Huerta-Fontela M, Galceran M T, Martin-Alonso J, et al., 2008a. Occurrence of psychoactive stimulatory drugs in wastewaters in north-eastern Spain [J]. Science of the Total Environment, 397 (1-3): 31-40.

Huerta-Fontela M, Galceran M T, Ventura F, 2007. Ultraperformance liquid chromatography-tandem mass spectrometry analysis of stimulatory drugs of abuse in wastewater and surface waters [J]. Analytical Chemistry, 79 (10): 3821-3829.

Huerta-Fontela M, Galceran M T, Ventura F, 2008b. Stimulatory drugs of abuse in surface waters and their removal in a conventional drinking water treatment plant [J]. Environmental Science & Technology, 42 (18): 6809-6816.

Jekel M, Dott W, Bergmann A, et al., 2015. Selection of organic process and source indicator substances for the anthropogenically influenced water cycle [J]. Chemosphere, 125: 155-167.

Jiang J, Lee C, Fang M, et al., 2015. Impacts of emerging contaminants on surrounding aquatic environment from a youth festival [J]. Environmental Science & Technology, 49 (2): 792-799.

Karolak S, Nefau T, Bailly E, et al., 2010. Estimation of illicit drugs consumption by wastewater analysis in Paris area (France) [J]. Forensic Science International, 200 (1-3): 153-160.

Kasprzyk-Hordern B, Dinsdale R M, Guwy A J, 2009. The removal of pharmaceuticals, personal care products, endocrine disruptors and illicit drugs during wastewater treatment and its impact on the quality of receiving waters [J]. Water Research, 43 (2): 363-380.

Khalil L B, Girgis B S, Tawfik T A, 2001. Decomposition of H_2O_2 on activated carbon obtained from olive stones [J]. Journal of Chemical Technology and Biotechnology, 76 (11): 1132-1140.

Khunjar W O, Love N G, 2011. Sorption of carbamazepine, 17 α-ethinylestradiol, iopromide and trimethoprim to biomass involves interactions with exocellular polymeric substances [J]. Chemosphere, 82 (6): 917-922.

Khuntia S, Sinha M K, Majumder S K, et al., 2016. Calculation of hydroxyl radical concentration using an indirect method-effect of pH and carbonate ion [M]// Regupathi I, Shetty K V, Thanabalan M. Recent Advances in Chemical Engineering. Singapore: Springer, 185-193.

Khursan S L, Semes-Ko D G, Safiullin R L, 2006. Quantum-chemical modeling of the detachment of hydrogen atoms by the sulfate radical anion [J]. Russian Journal of Physical Chemistry, 80 (3): 366-371.

Kuo C, Lin C, Hong P A, 2015. Photocatalytic degradation of methamphetamine by UV/TiO_2-kinetics, intermediates, and products [J]. Water Research, 74: 1-9.

Kuo C, Lin C, Hong P A, 2016. Photocatalytic mineralization of codeine by UV-A/TiO_2-Kinetics, intermediates, and pathways [J]. Journal of Hazardous Materials, 301: 137-144.

Leng Y, Guo W, Shi X, et al., 2013. Polyhydroquinone-coated Fe_3O_4 nanocatalyst for degradation of rhodamine B based on sulfate radicals [J]. Industrial and Engineering Chemistry Research, 52 (38): 13607-13612.

Li L, Everhart T, Jacob I P, et al., 2010. Stereoselectivity in the human metabolism of methamphetamine [J]. British Journal of Clinical Pharmacology, 69 (2): 187-192.

Li R, Jin X, Megharaj M, et al., 2015. Heterogeneous Fenton oxidation of 2,4-dichlorophenol using iron-based nanoparticles and persulfate system [J]. Chemical Engineering Journal, 264: 587-594.

Li S, Dong W, Mak M, et al., 2009. Degradation of diphenylamine by persulfate: Performance optimization, kinetics and mechanism [J]. Journal of Hazardous Materials, 164 (1): 26-31.

Liang C, Guo Y, 2010. Mass transfer and chemical oxidation of naphthalene particles with zerovalent iron activated persulfate [J]. Environmental Science & Technology, 44 (21): 8203-8208.

Liang C, Lin Y, Shih W, 2009a. Treatment of trichloroethylene by adsorption and persulfate oxidation in batch studies [J]. Industrial and Engineering Chemistry Research, 48 (18): 8373-8380.

Liang C, Lin Y, Shin W, 2009b. Persulfate regeneration of trichloroethylene spent activated carbon [J]. Journal of Hazardous Materials, 168 (1): 187-192.

Lin A Y, Lee W, Wang X, 2014. Ketamine and the metabolite norketamine: Persistence and phototransformation toxicity in hospital wastewater and surface water [J]. Water Research, 53 (8): 351-360.

Lin C, Shiu Y J, Kuo C, et al., 2013. Photocatalytic degradation of morphine, methamphetamine, and ketamine by illuminated TiO_2 and ZnO [J]. Reaction Kinetics, Mechanisms and Catalysis, 110 (2): 559-574.

Lin Y, Liang C, Yu C, 2016. Trichloroethylene degradation by various forms of iron activated persulfate oxidation with or without the assistance of ascorbic acid [J]. Industrial and Engineering Chemistry Research, 55 (8): 2302-2308.

Liu H, Bruton T, Li W, et al., 2016a. Oxidation of benzene by persulfate in the presence of Fe(Ⅲ)-and Mn(Ⅳ)-containing oxides: Stoichiometric efficiency and transformation products [J]. Environmental Science & Technology, 50 (2): 890-898.

Liu Y, He X, Fu Y, et al., 2016b. Kinetics and mechanism investigation on the destruction of oxytetracycline by UV-254 nm activation of persulfate [J]. Journal of Hazardous Materials, 305: 229-239.

Ma Z, Yang Y, Jiang Y, et al., 2017. Enhanced degradation of 2,4-dinitrotoluene in groundwater by persulfate activated using iron-carbon micro-electrolysis [J]. Chemical Engineering Journal, 311: 183-190.

Mackulak T, Mosny M, Grabic R, et al., 2015a. Fenton-like reaction: A possible way to efficiently remove illicit drugs and pharmaceuticals from wastewater [J]. Environmental Toxicology and Pharmacology, 39 (2): 483-488.

Mackulak T, Mosny M, Skubak J, et al., 2015b. Fate of psychoactive compounds in wastewater treatment plant and the possibility of their degradation using aquatic plants [J]. Environmental Toxicology and Pharmacology, 39 (2): 969-973.

Matzek L W, Carter K E, 2016. Activated persulfate for organic chemical degradation: A review [J]. Chemosphere, 151: 178-188.

Metcalfe C, Tindale K, Li H, et al., 2010. Illicit drugs in Canadian municipal wastewater and estimates of community drug use [J]. Environmental Pollution, 158 (10): 3179-3185.

Minisci F, Citterio A, Giordano C, 1983. Electron-transfer processes: Peroxydisulfate, a useful and versatile reagent in organic chemistry [J]. Cheminform, 14 (26): 27-32.

Miralles-Cuevas S, Oller I, Aguera A, et al., 2015. Removal of microcontaminants from MWTP effluents by combination of membrane technologies and solar photo-Fenton at neutral pH [J]. Catalysis Today, 252: 78-83.

Miralles-Cuevas S, Oller I, Perez J A S, et al., 2014. Removal of pharmaceuticals from MWTP effluent by nanofiltration and solar photo-Fenton using two different iron complexes at neutral pH [J]. Water Research, 64: 23-31.

Moon B H, Park Y B, Park K H, 2011. Fenton oxidation of Orange II by pre-reduction using nanoscale zero-valent iron [J]. Desalination, 268: 249-252.

Nakada N, Shinohara H, Murata A, et al., 2007. Removal of selected pharmaceuticals and personal care products (PPCPs) and endocrine-disrupting chemicals (EDCs) during sand filtration and ozonation at a municipal sewage treatment plant [J]. Water Research, 41 (9): 4373-4382.

Nefau T, Karolak S, Castillo L, et al., 2013. Presence of illicit drugs and metabolites in influents and effluents of 25 sewage water treatment plants and map of drug consumption in France [J]. Science of the Total Environment, 461-462: 712-722.

Ocampo A M, 2009. Persulfate activation by organic compounds [D]. Washington D C: Washington State University.

Oh S Y, Kang S G, Chiu P C, 2010. Degradation of 2,4-dinitrotoluene by persulfate activated with zero-valent iron [J]. Science of the Total Environment, 408 (16): 3464-3468.

Padmaja S, Alfassi Z B, Neta P, et al., 1993. Rate constants for reactions of $SO_4^-\cdot$-radicals in acetonitrile [J]. International Journal of Chemical Kinetics, 25: 193-198.

Perminova I V, Grechishcheva N Y, Petrosyan V S, et al., 1999. Relationships between structure and binding affinity of humic substances for polycyclic aromatic hydrocarbons: Relevance of molecular descriptors [J]. Environmental Science & Technology, 33 (21): 3781-3787.

Postigo C, Lopez de Alda M J, Barcelo D, 2008. Fully automated determination in the low nanogram per liter level of different classes of drugs of abuse in sewage water by on-line solid-phase extraction-liquid chromatography-electrospray-tandem mass spectrometry [J]. Analytical Chemistry, 80 (9): 3123-3134.

Postigo C, Lopez de Alda M J, Barcelo D, 2010. Drugs of abuse and their metabolites in the Ebro River basin: Occurrence in sewage and surface water, sewage treatment plants removal efficiency, and collective drug usage estimation [J]. Environment International, 36: 75-84.

Qian Y, Guo X, Zhang Y, et al., 2015. Perfluorooctanoic acid degradation using UV-persulfate process: Modeling of the degradation and chlorate formation [J]. Environmental Science & Technology, 50 (2): 772-781.

Rodayan A, Segura P A, Yargeau V, 2014. Ozonation of wastewater: Removal and transformation products of drugs of abuse [J]. Science of the Total Environment, 487: 763-770.

Russo D, Spasiano D, Vaccaro M, et al., 2016. Investigation on the removal of the major cocaine metabolite (benzoylecgonine) in water matrices by UV 254/H_2O_2 process by using a flow microcapillary film array photoreactor as an efficient experimental tool [J]. Water Research, 89: 375-383.

Sanchez L D L S, Macias-Garcia M, Diaz-Diez A, et al., 2006. Preparation of activated carbons previously treated with hydrogen peroxide: Study of their porous texture [J]. Applied Surface Science, 252: 5984-5987.

Shih Y J, Putra W N, Huang Y H, et al., 2012. Mineralization and deflourization of 2,2,3,3-tetrafluoro-1-propanol (TFP) by UV/persulfate oxidation and sequential adsorption [J]. Chemosphere, 89 (10): 1262-1266.

Shu H Y, Chang M C, Huang S W, 2015. UV irradiation catalyzed persulfate advanced oxidation process for decolorization of Acid Blue 113 wastewater [J]. Desalination and Water Treatment, 54 (4-5): 1013-1021.

Spasiano D, Russo D, Vaccaro M, et al., 2016. Removal of benzoylecgonine from water matrices through UV254/H_2O_2 process: Reaction kinetic modeling, ecotoxicity and genotoxicity assessment [J]. Journal of Hazardous Materials, 318: 515-525.

Stackelberg P E, Furlong E T, Meyer M T, et al., 2004. Persistence of pharmaceutical compounds and other organic wastewater contaminants in a conventional drinking-water-treatment plant [J]. Science of the Total Environment, 329 (1-3): 99-113.

Su S, Guo W, Yi C, et al., 2012. Degradation of amoxicillin in aqueous solution using sulphate radicals under ultrasound irradiation [J]. Ultrasonics Sonochemistry, 19 (3): 469-474.

Subedi B, Kannan K, 2014. Mass loading and removal of select illicit drugs in two wastewater treatment plants in New York State and estimation of illicit drug usage in communities through wastewater analysis [J]. Environmental Science & Technology, 48 (12): 6661-6670.

Tan C, Gao N, Chu W, et al., 2012. Degradation of diuron by persulfate activated with ferrous ion [J]. Separation and Purification Technology, 95: 44-48.

Terzic S, Senta I, Ahel M, 2010. Illicit drugs in wastewater of the city of Zagreb (Croatia)-estimation of drug abuse in a transition country [J]. Environmental Pollution, 158 (8): 2686-2693.

Thomas K V, Bijlsma L, Castiglioni S, et al., 2012. Comparing illicit drug use in 19 European cities through sewage analysis [J]. Science of the Total Environment, 432, 432-439.

Togola A, Budzinski H, 2008. Multi-residue analysis of pharmaceutical compounds in aqueous samples [J]. Journal of Chromatography A, 1177 (1): 150-158.

Valcarcel Y, Martinez F, Gonzalez-Alonso S, et al., 2012. Drugs of abuse in surface and tap waters of the Tagus River basin: Heterogeneous photo-Fenton process is effective in their degradation [J]. Environment International, 41: 35-43.

Viglino L, Aboulfadl K, Mahvelat A D, et al., 2008. On-line solid phase extraction and liquid chromatography/tandem mass spectrometry to quantify pharmaceuticals, pesticides and some metabolites in wastewaters, drinking, and surface waters [J]. Journal of Environmental Monitoring, 10 (4): 482-489.

Volpe D A, Xu Y, Sahajwalla C G, et al., 2018. Methadone metabolism and drug-drug interactions: In vitro and in vivo literature review [J]. Journal of Pharmaceutical Sciences, 107 (12): 2983-2991.

Vorontsov A V, 2018. Advancing Fenton and photo-Fenton water treatment through the catalyst design [J]. Journal of Hazardous Materials, 372: 103-112.

Wen D, Wu Z, Tang Y, et al., 2018. Accelerated degradation of sulfamethazine in water by VUV/UV photo-Fenton process: Impact of sulfamethazine concentration on reaction mechanism [J]. Journal of Hazardous Materials, 344: 1181-1187.

Wu X, Gu X, Lu S, et al., 2014. Degradation of trichloroethylene in aqueous solution by persulfate activated with citric acid chelated ferrous ion [J]. Chemical Engineering Journal, 255: 585-592.

Zhang H, Guo C, Lv J, et al., 2020. Aqueous chlorination of ephedrine: Kinetic, reaction mechanism and toxicity assessment [J]. Science of the Total Environment, 740: 1-29.

Zhang Y, Zhang J, Xiao Y, et al., 2016. Kinetic and mechanistic investigation of azathioprine degradation in water by UV, UV/H_2O_2 and UV/persulfate [J]. Chemical Engineering Journal, 302: 526-534.

Zhao J, Zhang Y, Quan X, et al., 2010. Enhanced oxidation of 4-chlorophenol using sulfate radicals generated from zero-valent iron and peroxydisulfate at ambient temperature [J]. Separation and Purification Technology, 71 (3): 302-307.

第5章 精神活性物质的污水流行病学研究

5.1 污水流行病学概述

5.1.1 流行病学定义

流行病学（epidemiology）是研究特定人群中疾病、健康状况的分布及其决定因素，并研究防治疾病及促进健康的策略和措施的科学。它是现代医学领域中的一门基础学科，也是预防医学领域的一个重要组成部分。

作为预防医学的一个重要学科，流行病学的研究方法不仅适用于疾病的研究，而且适用于预防医学中环境卫生、劳动卫生、食品卫生等各种有害因素对人体健康影响的研究。同时，在临床工作和药效评价方面也常采用流行病学的分析方法，探讨和解决存在的问题。因此，流行病学是广大基层卫生人员和乡村医生从事防治工作必备的预防医学知识。在初级卫生保健中有许多问题是流行病学研究的基本内容。流行病学是人们在不断地同严重危害人类健康的疾病作斗争的过程中发展起来的。早年，传染病在人群中广泛流行，曾给人类带来极大的灾难，人们针对传染病进行深入的流行病学调查研究，采取防治措施。随着主要传染病逐渐得到控制，流行病学又应用于研究非传染病特别是慢性病，如心脑血管疾病、恶性肿瘤、糖尿病及其引发的伤残；此外，流行病学还应用于促进人群健康状态的研究。

5.1.2 污水流行病学定义

污水流行病学（wastewater based epidemiology，WBE）是指通过对污水处理

厂进水中的化学物质进行分析，根据水厂进水流量、服务人口数量和人体代谢动力学对某一地区人群使用某类化学物质的情况和规律进行估算的科学。几乎所有人体摄入的物质，都会随着尿液或粪便排泄出来进入排污系统，因此，对污水进行监测就能从进入污水系统中的生物指标中提取有用的流行病学信息。通过污水流行病学调查，可以了解某类化学物质的使用量和与之相关的疾病等信息，从而能预防和控制相关滥用情况和疾病，提高公众的健康水平。污水流行病学是多种学科交叉研究发展起来的一门学科，包括流行病学、法医学、药代动力学、社会行为学、统计学、公共卫生、市政工程、环境科学、分析化学等学科，这些学科的发展直接促进了污水流行病学的发展。尤其是随着仪器分析科学的快速发展，一批低检出限和高灵敏度质谱技术的出现使得准确分析水中如精神活性物质一类的痕量污染物成为可能。精神活性物质作为一类难降解、具有较高生物活性的化合物，在经过人体代谢后，大部分都以母体化合物的形式排出体外，少部分则以代谢物的形式随排泄物排出（谷得明等，2019）。多项研究表明，精神活性物质在水环境中的残留时间较长，在污水处理厂中的去除率也比较有限，因此符合污水流行病学的基本原理（Yadav et al.，2017；刘春叶等，2018；Wang et al.，2016）。污水中精神活性物质的浓度在一定程度上可以反映某个区域精神活性物质的使用情况，这给精神活性物质调查提供了新的思路和方法。

5.1.3　污水流行病学调查方法概述

传统流行病学的调查方法主要包括三种。一是观察性研究。观察性研究是指研究者不对被观察者的暴露情况加以限制，通过现场调查分析的方法，进行流行病学研究，在概念上与实验性研究相对立。观察性研究主要包括横断面研究、病例对照研究和定群研究三种方法。二是实验性研究。实验性研究是指在研究者控制下，对研究对象施加或消除某种因素或措施，以观察此因素或措施对研究对象的影响。实验性研究可划分为临床试验、现场试验和社区干预试验三种试验方式。三是数学模型研究。数学模型研究又称理论流行病学研究，即通过数学模型的方法来模拟疾病流行的过程，以探讨疾病流行的动力学，从而为疾病的预防和控制、卫生策略的制定提供服务。

与传统流行病学相比，虽然污水流行病学起步较晚，目前还无法完全替代传统的流行病学调查方法，但污水流行病学具有特有的优势：一是采样和分析比较方便，成本低，结果较为客观，能真实反映出精神活性物质的滥用情况；二是实时监测，不仅能准确反映精神活性物质的实际消费量，还可以反映小范围和短时间内的滥用趋势，并预测滥用发展趋势。但是，污水流行病学无法反映药物消费者的个体特征，比如性别和年龄等，也无法对个体的消费习惯如频率、剂量等进行分析。污水流行病学和传统流行病学的具体区别如表 5-1 所示。

表 5-1 污水流行病学和传统流行病学比较

对比因素	污水流行病学	传统流行病学
数据特征	客观；样品采集少，信息丰富；结果由仪器分析测量得出	通常比较主观；通常只有一定比例的人口同意接受采访；数据受影响因素较多
伦理问题	侵犯隐私和伦理风险可以忽略；对监狱等群体侵犯风险较低	主要关注特殊人群；需要避免透露参与对象的身份
数据处理	简单，直接；时间和成本效益低	复杂，间接；耗时费力
调查时间	能计算实时消耗；高分辨率数据	数据收集比较耗时；调查报告滞后
人群信息	药品消耗量信息；无人群信息	获得使用频率；获得消耗量；有人群的健康信息
目标人口	任何流域、社区和适合抽样调查的污水处理设施	针对特殊人群

精神活性物质的滥用是一个全球关注的问题。准确监测精神活性物质的使用量是卫生和执法部门的一项关键任务，会直接或间接影响各地区的政策制定和发展。很多国家在进行药物消耗量调查时，一直是以传统流行病学的方法为基础，并根据自身情况形成了一套监测系统。如澳大利亚，目前有四个主要的国家监测系统，包括一般人口（国家药物战略的家庭调查）和"高危"人群（"摇头丸"和相关药物报告系统、精神活性物质报告系统）。虽然方法各不相同，但几乎每种方法都严重依赖自我报告式的调查数据。

这一思路首先由美国环保署（USEPA）的研究人员 Daughton 在 2001 年提出（Daughton，2001）。Zuccato 等（2005）在 2005 年进一步完善，形成了精神活性物质的污水流行病学。Castiglioni 等（2010）在 2010 年也提出通过直接测定城市污水中精神活性物质的残留来估算社区的药物使用量。污水流行病学方法起初应用于意大利和瑞士（Zuccato et al.，2008），用以估算进入城市污水处理厂的精神活性物质使用量和变化趋势。此外，有学者利用污水流行病学估算了精神活性物质在某一地区的年使用量（Postigo et al.，2010）。

从此，WBE 方法逐渐获得研究者与管理者的青睐，在欧盟、澳大利亚、加拿大、南美洲和中国等国家和地区逐渐获得应用，被检测的标记物种类也越来越广泛，包括精神活性物质、处方药、抗生素、病毒等等（Lorenzo et al.，2019；刘然彬等，2020）。2010 年，欧洲毒品和毒瘾检测中心（European Monitoring Centre for Drugs and Drug Addiction，EMCDDA）成立了 SCORE（Sewage Analysis CORe group-Europe）小组，旨在通过标准化污水取样、保存和检测等方法在欧洲建立非法药品使用 WBE 监测网络（EMCDDA，2020）。2017 年，澳大利亚刑事情报委员会（Australian Criminal Intelligence Commission，ACIC）实施了"污水中药品监测计划"（National Wastewater Drug Monitoring Program，NWDM），用于监测甲基苯丙胺使用情况，可以覆盖 54% 澳大利亚人口（ACIC，2020）。

污水流行病学的研究主要分为以下几个步骤：调查前对某一区域、社区及污水处理厂进行选取，调查期间对抽样点进行选取和样品采集，以及采集样品后用高灵敏度的仪器对目标化合物进行分析检测，然后根据污水处理厂的进水流量、药物使用量以及人类排泄物与药物的代谢规律计算出研究区域的药物使用量和人数。其研究思路如图 5-1 所示。

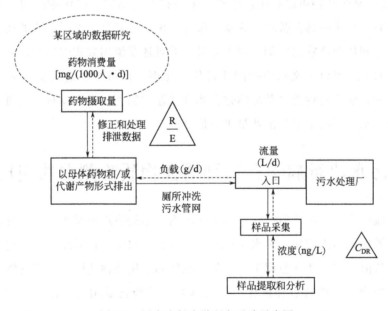

图 5-1　污水流行病学研究思路示意图

某种精神活性物质的负载量首先通过将污水中药物残留浓度与取样期间的污水量相乘获得，然后考虑人体药代动力学的规律，推断出母体药物的使用率。例如，测得的每体积污水中的苯甲酰芽子碱（可卡因的主要代谢物）修正系数为（1.05/0.45），其中 45% 来自排泄物，可卡因与苯甲酰芽子碱的平均分子量比为 1.05（可卡因的分子量比苯甲酰芽子碱大 5%）。常见精神活性物质的校正因子见表 5-2。

表 5-2　常见精神活性物质的校正因子

化合物	去除率/%	稳定性校正因子	排泄率/%	化合物与母药分子量比	排泄校正因子
BE	<5	1	35	1.05	3.0
EME	20	1.25	15	1.52	10.2
AMP	30	1.43	30	1	3.3
METH	<5	1	43	1	2.3
MDMA	<5	1	20	1	5.0
6-单乙酰吗啡	30	1.43	1.3	1.13	86.9

值得注意的是，基于污水流行病学的方法估算精神活性物质的消费量，需要我们对许多药物摄入人体后的药代动力学有清楚的认识。精神活性物质被人吸食后，某些药物会以母体化合物的形式排出（如甲基苯丙胺被人体代谢后会在尿液中检测到）；当然，某些药物可以在体内代谢产生一种新的物质，即代谢产物（如当可卡因被消费时，其中一部分被转化为苯甲酰芽子碱，它就是可卡因主要的代谢产物）。母体化合物和代谢产物的比例会因人而异，并且还受滥用方式的影响。对于研究较多的传统药物，可以从文献中查阅获得代谢比例。但对很多新型精神活性物质来说，它们的代谢产物种类以及母体化合物和代谢产物的比例还没有相关研究，也就无法使用污水流行病学对其消费量进行估算。

5.2　污水流行病学在精神活性物质监测中的应用

污水流行病学方法能估算一个限定区域内药品的使用情况并且能实时监测药品消耗，灵敏地识别出变化。污水流行病学是随着污水中精神活性物质的调查而发展起来的，目前，该方法常被用于估算某一地区的滥用药物使用量，不仅能够估算一段时间内药物滥用的特点和量级，还能判断有关药物滥用的变化趋势（Terzic et al.，2010；Verovsek et al.，2020），以指导环境科学家和政策制定者实施控制策略来保护环境。

（1）美国

Skees 等（2018）等检测了美国中西部某社区多个污水处理厂内包括兴奋剂、阿片类药物、致幻剂等 8 种精神活性物质及其代谢物，运用污水流行病学调查方法，根据污水中药物残留的浓度、污水水量和集中式污水处理厂服务的人口来估计社区药物的使用情况，研究发现该社区甲基苯丙胺和苯丙胺的人均消费量是美国报告的人均消费量中最高的,分别高达1740mg/(1000人·d)和970mg/(1000人·d),而氢可酮的消费量则达到(108±90.1)mg/(1000人·d)。

(2) 澳大利亚

研究者(Thai et al.,2016)通过污水流行病学调查了3种精神活性物质(可卡因、甲基苯丙胺和"摇头丸")在澳大利亚的滥用情况,该研究分别从澳大利亚4个州的14个污水处理厂采集了112份污水样本,该区域人口约占澳大利亚总人口的40%,然后使用Zuccato等(2008)建立的方法反推精神活性物质消费量。首先通过污水流量和检测的药物浓度计算得到药物负载量,然后根据校正因子和排泄率计算药物的实际消费量。最后反推得到某个地区每千人每天的消费量。

研究表明,澳大利亚地区非法兴奋剂的使用有独特的空间模式,如大城市可卡因和"摇头丸"的消费量高于农村地区,可卡因消费量在不同地区之间差别较大,而甲基苯丙胺消费量在城市和农村地区较为相似,只有少数几个城市的使用量较高。利用污水流行病学推算得到澳大利亚每年约消费可卡因3t,甲基苯丙胺和"摇头丸"9t,这个数字分别超过每年缉获量的25倍和45倍。这些结果意味着澳大利亚有很多非法贩运兴奋剂的情况未被发现。研究还发现甲基苯丙胺滥用可能比可卡因更为严重。此次调查结果对政府制定相应防控政策具有重要的借鉴意义。

(3) 比利时

Van-Nuijs等(2009)于2009年对比利时某污水处理厂调查后估算,发现比利时当年使用可卡因约1.88t。该研究者两年后对比利时现存的最大污水处理厂进行了为期一年的抽样调查(Van-Nuijs et al.,2011),分别研究了可卡因(COC)、苯丙胺(AMP)、MDMA、美沙酮(MTD)和海洛因(HER)等的消费量。通过对进水污水样品(24h复合样品)的药物浓度进行检测,利用最新的污水中化合物的稳定性信息和药物排泄模式的信息,进行消费量反推。研究人员利用三种不同的计算方法对滥用特征进行评价。此外,还根据污水样品中氮、磷和溶解氧的浓度,以实时和动态的方式计算生活污水处理厂集水区的居民人数。研究表明,在污水处理厂服务区域内,可卡因、海洛因和美沙酮三种药物没有观察到明显的日变化,而苯丙胺和MDMA的消费量在周末时显著升高,甲基苯丙胺的消费量较少。该研究采样时间较长,为235天,且研究区域覆盖面广,覆盖人口数量较多(约100万居民),因此研究人员将监测结果推演到比利时(约1070万居民)每年的药物消费量。估算得到比利时每年的药物使用量,可卡因为2t,苯丙胺为0.3t,MDMA为0.1t,美沙酮为0.5t,海洛因为1.6t,甲基苯丙胺使用量最低,为8kg。

(4) 韩国

Kim 等（2015）在圣诞节和新年期间，对韩国五个城市的毒品消费情况进行了调查分析，首次将污水流行病学应用于韩国城市污水检测。对城市污水中 17 种药物进行检测后发现，甲基苯丙胺、苯丙胺和可待因等药物检出率较高，可卡因、美沙酮和苯甲酰芽子碱等其他药物均未检出。研究发现，甲基苯丙胺是韩国滥用最严重的毒品，消费量为 22mg/(1000 人·d)，占西方部分国家的 1/80～1/5。值得注意的是，由于这项研究中污水样品采集于节假日期间，检测结果应该大于韩国年平均水平。研究还发现小城市的甲基苯丙胺使用率更高，比韩国平均水平高 2～4 倍。

(5) 中国

我国是各种药物的生产和使用大国，环境中滥用药物污染形势严峻。然而，目前国内关于滥用药物的污染现状和变化趋势尚不清楚，对滥用药物的研究也仅限于其在水环境中浓度水平的检测及环境风险的初步评价，对典型精神活性物质的流行率和滥用量预测的研究数量较少。大连海事大学王德高课题组刘春叶等（2018）利用污水流行病学方法，调查了辽宁和吉林两省城镇居民中甲基苯丙胺的滥用量和流行率。该研究调查选取并采集了辽宁与吉林两省共 15 个城市 17 座污水处理厂进水样品，根据污水厂进水量、甲基苯丙胺代谢数据和污水厂服务人口数量等信息预测了辽宁与吉林两省甲基苯丙胺的滥用量和流行率。研究发现辽宁省甲基苯丙胺的年滥用量高于吉林省，所有被调查城市中，辽宁省的沈阳市和大连市在辽宁和吉林两省城市群中年滥用量最高，分别高达 970kg/a 和 795kg/a，而吉林省城市中甲基苯丙胺年滥用量最高的长春市仅为 279kg/a。在预测滥用量的基础上，该研究结合滥用剂量和滥用频率数据，预测出辽宁与吉林两省城镇居民成年（15～64 岁）人群中流行率分别为 0.73%±0.30% 和 0.56%±0.31%。Wang 等（2016）也通过污水流行病学估算出每年有 684～1160kg 精神活性物质排入渤海和北黄海海域。

本课题组（Deng et al.，2020）对江苏省常州市 8 座污水处理厂的进水和出水进行调查发现，包括可卡因、甲基苯丙胺、氯胺酮等 12 种常见精神活性物质均有不同程度的检出，并运用污水流行病学原理和方法，推算出甲基苯丙胺是常州市滥用最多的精神活性物质，滥用量为 0.16～20.65mg/(1000 人·d)，其他精神活性物质中可卡因的滥用量最低。如图 5-2 所示为常州市 12 种精神活性物质人均消费量。

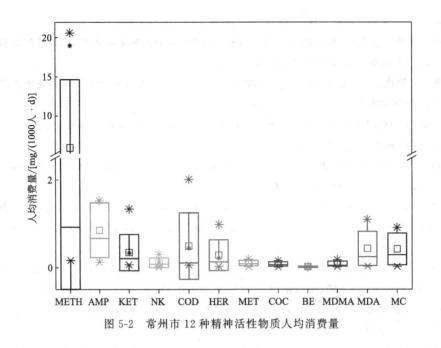

图 5-2 常州市 12 种精神活性物质人均消费量

5.3 精神活性物质的污水流行病学展望

过去几十年来，污水流行病学已经成功应用于监测世界各地不同地区的人群药物使用情况。它是目前公认对现有流行病学方法的一种客观的方法补充，对于全面了解各国精神活性物质的使用趋势具有重要作用。随着分析化学、环境科学、市政工程、公共卫生、流行病学、犯罪学等多学科的共同发展，污水流行病学今后将进一步得到优化。此外，污水流行病学的发展依赖于其他学科的快速发展，比如由于目前很多药物的药代动力学尚不清楚，尤其是大量新型精神活性物质的出现，限制了运用污水流行病学方法对其滥用趋势进行研究。但是，随着污水流行病学理论的不断完善和方法的不断成熟，其应用范围也在逐渐扩展，相信该方法的推广和应用会不断提高精神活性物质消费调查的准确性和科学性。因此，有必要发展适合我国国情的污水流行病学调查方法，在我国推广污水流行病学的应用，为我国管控精神活性物质等特殊药品的政策制定提供理论和技术支撑，这对于预防和干预精神活性物质的滥用，打击和防控毒品犯罪活动都具有十分重要的意义。

参考文献

谷得明，郭昌胜，冯启言，等，2019. 精神活性物质在北京市某污水处理厂中的污染特征与生态风险[J].环境科学,33(3):659-667.

刘春叶,王喆,冯佳铭,等,2018.污水流行病学调查辽宁和吉林两省甲基苯丙胺滥用量和流行率[J].环境化学,37(8):1763-1769.

刘然彬,郝晓地,Van-Loosdrech,等,2020.污水流行病学(WBE)用于新冠肺炎预警研究进展[J].中国给水排水:1-18.

Australian Criminal Intelligence Commission, 2020. National wastewater drug monitoring program: Report 10 [R]. Canberra: ACIC.

Castiglioni S, Zuccato E, 2010. Illicit drugs as emerging contaminants [M]. Washington D C: American Chemical Society: 119-136.

Deng Y, Guo C, Zhang H, et al., 2020. Occurrence and removal of illicit drugs in different wastewater treatment plants with different treatment techniques [J]. Environmental Sciences Europe, 32: 1-9.

Daughton C G, 2001. Pharmaceuticals and personal care products in the environment: Scientific and regulatory issues [M]. Washington D C: American Chemical Society: 348-364.

European Monitoring Centre for Drugs and Drug Addiction, 2020. Wastewater analysis and drugs: A European multi-city study [M]. Luxembourg: EMCDDA.

Kim K Y, Lai F Y, Kim H Y, et al., 2015. The first application of wastewater-based drug epidemiology in five South Korean cities [J]. Science of the Total Environment, 524-525: 440-446.

Lorenzo M, Pico Y, 2019. Wastewater-based epidemiology: Current status and future prospects [J]. Current Opinion in Environmental Science & Health, 9: 77-84.

Postigo C, Lopez de Alda M J, Barcelo D, 2010. Drugs of abuse and their metabolites in the Ebro River basin: Occurrence in sewage and surface water, sewage treatment plants removal efficiency, and collective drug usage estimation [J]. Environment International, 36 (1): 75-84.

Skees A J, Foppe K S, Loganathan B, et al., 2018. Contamination profiles, mass loadings, and sewage epidemiology of neuropsychiatric and illicit drugs in wastewater and river waters from a community in the Midwestern United States [J]. Science of the Total Environment, 632: 1457-1464.

Terzic S, Senta I, Ahel M, 2010. Illicit drugs in wastewater of the city of Zagreb (Croatia)-estimation of drug abuse in a transition country [J]. Environmental Pollution, 158 (8): 2686-2693.

Thai P K, Lai F Y, Edirisinghe M, et al., 2016. Monitoring temporal changes in use of two cathinones in a large urban catchment in Queensland, Australia [J]. Science of the Total Environment, 545-546: 250-255.

Van-Nuijs A L N, Mougel J F, Tarcomnicu I, et al., 2011. Sewage epidemiology: A real-time approach to estimate the consumption of illicit drugs in Brussels, Belgium [J]. Environment International, 37 (3): 612-621.

Van-Nuijs A L N, Pecceu B, Theunis L, et al., 2009. Can cocaine use be evaluated through analysis of wastewater? A nation-wide approach conducted in Belgium [J]. Addiction, 104 (5): 734-741.

Verovsek T, Krizman-Matasic I, Heath D, et al., 2020. Site-and event-specific wastewater-based epidemiology: current status and future perspectives [J]. Trends in Environmental Analytical Chemistry. DOI: 10.1016/j.teac.2020.e00105.

Wang D, Zheng Q, Wang X, et al., 2016. Illicit drugs and their metabolites in 36 rivers that drain into the Bohai Sea and North Yellow Sea, North China [J]. Environmental Science and Pollution Research, 23 (16): 16495-16503.

Yadav M K, Short M D, Aryal R, et al., 2017. Occurrence of illicit drugs in water and wastewater and their removal during wastewater treatment [J]. Water Research, 124: 713-727.

Zuccato E, Chiabrando C, Castiglioni S, et al., 2008. Estimating community drug abuse by wastewater analysis [J]. Environmental Health Perspectives, 116 (8): 1027-1032.

Zuccato E, Chiabrando C, Castiglioni S, et al., 2005. Cocaine in surface waters: A new evidence-based tool to monitor community drug abuse [J]. Environmental Health, 4 (1): 1-7.

第6章 精神活性物质的生态风险评估

6.1 生态风险评估概述

6.1.1 生态风险评估定义

随着工业化所导致的人工合成化合物的种类和数量与日俱增，这些化合物在生产、运输及使用过程中将不可避免地进入环境介质（如水体、土壤、空气等），对全球生态环境构成潜在的威胁。普遍采用的实验室监测方法已经越来越不适应生态环境管理的需要，加之许多环境污染物在生物体内存在长期积累现象，其有害效应需要很长时间才能显示出来。这就需要人们采用一种有效的方法体系对已发生的或是潜在的环境风险源进行评估，以提高警惕、应对风险，环境风险评估就是在这样的背景下逐渐兴起并得到重视的。环境风险是指在自然环境中产生的或者通过自然环境介质传递的，在对人类产生不利影响的同时又具有某些不确定性的危害事件（卢宏玮等，2003）。环境风险评价就是要对这些具有不确定性的灾害事件可能造成的环境后果及可能对人类造成的损失进行度量和评价。根据环境风险评价中的风险承受者（风险受体）的不同，可以将其分为健康风险评价（health risk assessment，HRA）、生态风险评估（ecological risk assessment，ERA）等（雷炳莉等，2009）。

生态风险评估是一个预测环境污染物对生态系统或其中一部分产生有害影响可能性的过程，是继早期人类健康风险评价之后发展起来的新的研究热点。它是指一个物种、种群、生态系统或整个景观的正常功能受外界胁迫，从而在目前和将来减小该系统内部某些要素或其本身的健康、生产力、遗传结构、经济价值和美学价值的可能性。简单地说就是指生态系统受一个或多个胁迫因素影响后，对不利的生态后果出现的可能性进行评估（USEPA，1998；雷炳莉等，2009）。

6.1.2 生态风险评估发展历程

生态环境是指影响人类生存与发展的水资源、土地资源、生物资源以及气候资源数量与质量的总称，是关系到社会和经济持续发展的复合生态系统（夏彬，2018）。人类在为了自身生存和发展而利用和改造自然的过程中，造成自然生态环境的破坏和污染，进而产生危害人类生存和健康的问题。因此，为维持人类社会的可持续发展必须维护生态环境良性循环。

6.1.2.1 国外生态风险评估发展历程

20世纪30年代，国际上开始进行风险评价方面的研究，主要经历了4个阶段（曾建军等，2017）：萌芽阶段（20世纪30年代至60年代）、快速发展阶段（20世纪70年代至80年代）、继续发展阶段（20世纪80年代至90年代）和完善阶段（20世纪90年代以后）。

20世纪30年代至60年代，风险评价处于萌芽阶段。采用毒物鉴定方法进行健康影响分析，以定性研究为主（毛小苓等，2003；王炜蔚，2007）。例如，针对某一化合物存在致癌风险的假定只能定性说明暴露于一定的致癌物中会造成一定的健康风险（毛小苓等，2003）。

20世纪70年代至80年代，风险评价处于快速发展阶段，评价体系基本形成。美国原子能委员会提出一份题为"大型核电站中重大事故的理论可能性和后果"的研究报告，这是最早的环境风险评价典型事件。20世纪80年代初，美国提出环境影响评价采用毒理分析的方式进行化学污染物的生态影响研究（USEPA，1986）。1981年，美国环境保护署（United States Environmental Protection Agency，USEPA）委托美国橡树岭国家实验室（Oak Ridge National Laboratory，ORNL）进行综合燃料的风险评价，其中提出了一系列针对生物个体组织、种群、生态系统水平的生态风险评估方法（Barnthouse et al.，1987），并将此方法类推至人体健康的致癌风险评价中，确定风险评价应该估计那些可以明确表述影响的可能性。

20世纪80年代至90年代，风险评价得到很大发展，为风险评价体系建立提供了充分的理论基础和技术支撑。1983年，美国国家研究委员会（National Research Council of the United States，NRCUS）提出的风险评价框架指出生态风险评估既能够表述影响的可能性，又具有一个包含标准方法途径的明确方案（Suter et al.，1983；Barnthouse et al.，1987）。NRCUS 制定的风险评价框架（Barnthouse et al.，1998）使用手册的形式发表，完善综合燃料风险评价中生态评价的内容（陈辉等，2006）。此后 USEPA 制定和颁布了一系列技术性文件、准则和指南。例如，1986 年发布致癌风险评价、致畸风险评价、化学混合物健康风险评价、发育毒性物质健康风险评价、暴露评价和风险评价等指南（USEPA，1986）。此后，风险评价的科学体系基本形成。同时，风险评价方法由定性分析转向定量评价，并提出系统性的风险评价"四步法"，具体包括危害判定、剂量-效应关系评估、暴露评价和风险表征，并提出针对不同组织水平的评价方法，为生态风险评估奠定了理论和方法基础（陈辉等，2006）。

20 世纪 90 年代以后，风险评价处于不断发展和完善阶段。20 世纪 80 年代末至 90 年代初，ORNL 实验室发表了一系列风险评价研究结果，阐明了化学毒理对生态过程的影响，奠定了环境风险评价转变为生态风险评估的基础（陈辉等，2006）。1990 年，USEPA 首次提出生态风险评估的概念（朱艳景等，2015）。1993 年，Suter 提出了生态风险评估的基础理论和技术框架，对生态风险评估的发展起到了导向和奠基作用（Suter et al.，2003）。1996 年，USEPA 公布指南草案，阐述生态风险评估的定义和基本原理。此后，USEPA 公布了不同生态系统的生态风险评估实例以及相关技术规范（刘斌等，2013）。1998 年，美国正式颁布《生态风险评估指南》，提出生态风险评估的"三步法"：提出问题、分析问题和风险表征（雷炳莉等，2009）。至此，生态风险评估的理论和技术框架趋于完善和成熟。

在生态风险评估的理论发展和方法框架的建立过程中，美国一直处于国际前沿。而欧盟在生态风险的技术框架、指南的建立等方面也具有举足轻重的作用。1993 年，欧盟针对化学品颁布了一系列生态风险评估的规定和技术指导文件，欧洲各国针对化学品和工业污染物分别进行了系统的生态风险评估，具有丰富的污染物生态风险评估实践经验，并对不同情景中生态风险的评估方法和具体操作步骤进行了有意义的探索（朱艳景等，2015）。例如，Rossi 等（1998）研究了严重污染的湖中沉积物对水生生物的生态风险，结果发现沉积物对无脊椎动物、植物种子发芽和根伸长具有严重影响；Cleveland 等（2001）研究了农药的生态风险；Hayes（2002）采用事故树分析法研究了生态入侵造成的生态风险，并对人类航海活动导致的海洋生物入侵风险进行了系统评价。

6.1.2.2 我国生态风险评估发展历程

20 世纪 80 年代，我国环境风险评估的基础研究起步，在国家的大力支持下，我国风险评价体系迅速建立并开始发展（王俭等，2017）。"秦山核电厂事故应急实时剂量评价系统"是我国最早的环境风险评价代表事件（王俭等，2017）。1989年，国家环保局成立了有毒化学品管理办公室，负责有毒化学品的风险评价工作（刘杨华等，2011；吕培辰等，2018），这标志着我国正式将环境风险评价纳入管理工作中。

20世纪90年代初至90年代末，风险评价得到了长足发展。1990年，国家环保局下发057号文件，规定对重大环境污染事故隐患进行环境风险评价（林海转等，2017）；1993年，国家环保局颁布的《环境影响评价导则（总则）》中规定，对于风险事故，在有必要也有条件时，应进行建设项目的环境风险评价或环境风险分析。1997年和1999年先后发布《关于进一步加强对农药生产单位废水排放监督管理的通知》和《工业企业土壤环境质量风险评价基准》，要求针对水环境和土壤中的污染物进行风险评价（王俭等，2017；阳文锐等，2007）。20世纪90年代以来，我国学者既对国外生态风险评估的研究结果进行了介绍，例如殷浩文介绍了水生态风险评估（殷浩文，1995），同时也对水生态风险评估的基础理论和技术方法进行了探讨，例如许多学者利用水生植物等淡水生物针对某一流域内的污染物进行水生态风险评估（闫振广等，2015），为我国生态风险评估研究奠定了基础（殷浩文，1995）。

21世纪以后，风险评价处于逐渐完善阶段。随着生态风险评估的理论基础和技术方法不断完善，我国颁布了一些相关导则。我国于2002年颁布《中华人民共和国环境影响评价法》，规定"对规划和建设项目实施后可能造成的环境影响进行分析、预测和评估，提出预防或者减轻不良环境影响的对策和措施"。2003年和2004年，我国先后颁布了《新化学物质环境管理办法》和《新化学物质危害评估导则》；2011年发布了《环境影响评价技术导则 生态影响》（HJ 19—2011），该标准规定了生态影响评价的评价内容、程序、方法和技术要求。同时，其他相关部门也开展了生态风险评估的相关工作。例如，2009年，水利部基于我国环境影响评价的相关要求，参考美国生态风险评估框架，发布了《生态风险评估导则》；2012年，王香兰、周军英等提出了我国农药生态风险评估框架以及相应的评价程序和评价技术，促进了生态风险评估在我国的发展。

6.1.3 生态风险评估种类

生态风险评估按照评价时段分为预测性风险评估和回顾性风险评估。

预测性生态风险评估主要预测新条件下化学物质对生态系统的影响。这个程序主要应用于排放化学物之前，风险评估的结果用于指导、管理和设计化学物的排放，例如用于新化学物质的生产和销售，或一种新的装卸方法（史志诚，2005）。

回顾性生态风险评估是对现有化学品排放的评价，其结果是确定环境管理程序对化学品的排放控制是否有效，以及确定化学品排放量的变化，回顾性风险评估工作常常由一个已经发生的环境事件或灾害引起。回顾性生态风险评估比预测性生态风险评估更准确和有效，因为它以现有条件下化学品的评估为基础，并从这个基础开始推测或预测未来（史志诚，2005）。

6.2 生态风险评估过程

生态风险评估源于环境风险管理政策，主要评估人类行为对生态系统产生的不利影响，为风险管理提供科学依据和技术支持（龙涛等，2015；雷炳莉等，2009；王晓峰，2012）。生态风险评估综合生物学、生态学、毒理学和环境学等学科，并结合统计学等数据分析方法来预测化合物对生态系统造成不利影响的概率（王晓峰，2012）。根据不同国家对生态风险评估的研究，生态风险评估"三步法"主要包括三个阶段：提出问题，分析问题（暴露分析和效应分析），风险表征（雷炳莉等，2009；阳文锐等，2007）。

6.2.1 提出问题

提出问题，即进行生态风险评估之前，针对需要解决的问题做出清楚的定义，即生态风险评估计划，以保证数据收集有针对性（雷炳莉等，2009）。提出问题的主要内容包括：收集所需目标化合物特性、潜在受体清单、评估范围、途径和媒介、评估终点的选择以及有关评估中的假设等（阳文锐等，2007；雷炳莉等，2009）。

6.2.2 分析问题

生态风险评估分析过程的内容主要包括暴露分析和效应分析（雷炳莉等，2009），其中暴露分析主要评估目标化合物对评估受体的暴露水平（USEPA，1998），效应分析主要是建立目标化合物与受体之间的剂量-效应关系，进而推导可能导致的生态效应（雷炳莉等，2009；龙涛等，2015）。

6.2.2.1 暴露分析

暴露分析，即评估者确定生态系统中的目标化合物对生态胁迫的暴露水平（龙涛等，2015）。获取目标化合物在生态系统中暴露浓度水平通常采用分级方法，一般采用环境实测数据，当目标化合物的实测环境浓度（measured environmental concentration，MEC）数据不足，或没有相关标准检测方法时，采用根据国内外常见的浓度预测模型得出的预测环境浓度（predicted environmental concentration，PEC）替代实测环境浓度进行暴露分析（Cunha et al.，2019）。为全面掌握目标化合物在环境中的污染水平，通常收集在国内外期刊上已经发表的论文（包括硕士、博士学位论文）中关于目标化合物的暴露浓度数据（刘娜，2016）。

6.2.2.2 效应分析

生态风险评估中，效应分析是重要组成部分。效应分析指通过建立目标化合物与生物受体之间的剂量-效应关系，推导可能导致的生态效应（USEPA 1998；雷炳莉等，2009）。其中，推导目标化合物的预测无效应浓度（predicted no effect concentrations，PNEC）是重要的一环，预测无效应浓度需要根据无观察效应浓度（no observed effect concentrations，NOEC）获得（雷炳莉等，2009）。为保证预测无效应浓度的科学合理，通常需要有足够数量的不同生物类群的高质量生态毒理数据（刘娜等，2016）。目前，目标化合物的毒性数据主要通过数据库和文献检索获得。由于毒性数据是不同研究人员在不同实验室进行研究得出的，试验结果受到不同程度的影响，为保证毒性数据的质量，国内外相关研究人员对毒性数据的筛选和评价进行了规定，主要从可靠性、相关性和精确性角度进行评判（刘娜等，2016）。

（1）可靠性

可靠性是指试验所采用的方法是否为标准的试验方法，试验过程和试验结果的描述是否清楚、合理，判断依据主要分为是否使用国际或国家标准测试方法（good laboratory practices，GLP）以及是否符合非标准测试方法试验的相关要求（刘娜等，2016；OECD，1998）。如果毒性数据采用GLP方法获得，可以直接使用；如果使用非标准测试方法获得毒性数据，需要对是否采用科学合理的试验方法、试验过程和结果是否得到详细描述以及文献中是否含有完整的原始信息进行判断和筛选（包括原始数据、试验生物、暴露场景以及化合物的相关物理、化学性质等）(刘娜等，2016)。不同国家对数据质量具有不同的评价方法，但主要内容都包括试验设计、试验试剂、受试生物、暴露条件、数据分析等5个方面。①试验设计：主要包括试验方法、试验过程、数据有效性以及对照组等相关内容；②试验试剂：主要包括受试物、试剂纯度、配方混合物与杂质等相关内容；③受试生物：包括基本信息、受试物来源等相关内容；④暴露条件：主要包括试验系统与试验试剂、试验系统与受试生物、暴露浓度有效性、浓度间隔、暴露时间、浓度变化、生物负荷等相关内容；⑤数据分析：主要包括平行样、统计分析方法、浓度-效应关系、原始数据等相关内容（刘娜等，2016）。

(2) 相关性

相关性是指获得的试验数据的效应和终点是否与特定的风险评估目的相一致（刘娜等，2016）。即当单一化合物有多个测试终点的毒性数据可供选择时，通常需要根据具体的生态风险评估目的和评估模型筛选相关性最强的数据（刘娜等，2016）。主要内容包括：受试生物与评估目标的空间一致性、受试生物与化合物的相关性、测试终点与管理目标的相关性、测试终点与作用模式的相关性、测试指标与种群水平的相关性、效应量级的统计学显著性与生物学的相关性、受试生物的生命阶段、试验条件与受试生物的相关性、试验周期与测试终点及受试生物的相关性、生物恢复性、试验试剂与目标化合物的相关性、试验暴露场景与化合物的相关性以及试验暴露场景与受试生物的相关性（刘娜等，2016）。

(3) 精确性

精确性是指当相关测试终点具有多个可利用的数据时，需要进一步整理数据，得到最精确的数据。国内外相关研究表明，当一个测试物种具有多个测试终点或生命阶段的毒性数据时，通常选择最敏感的测试终点或者生命阶段的毒性数据（USEPA，1984；RIVM，2001；ECB，2002；罗莹等，2018）；当某一物种在特定测试终点存在多个可靠毒性数据时，采用几何平均数（RIVM，2001）、加权平均数或算术平均数（Parkhurst，1998），或者选择最小值（刘娜等，2016；USEPA，2011）。

6.2.3 风险表征

生态风险评估过程中，风险表征通过暴露浓度与生态效应进行综合判断与表达，主要有定性和定量表征两种方式（雷炳莉等，2009）。通常在相关数据和资料充足时优先采用定量评价进行生态风险表征（雷炳莉等，2009）。目前，风险评估的定量风险表征方法分为以下几种。

(1) 风险商（risk quotient，RQ）

风险评估过程中，由于风险商法应用简单，应用于大多数定量或半定量的生态风险评估中，更适用于单个化合物的风险评估。风险商采用 MEC 或 PEC 与表征该物质的预测无效应浓度相比，计算得出风险商（CVMP，2004）。RQ<0.1，表

示目标化合物对水生物的风险可以忽略；0.1≤RQ<1，表示目标化合物对水生生物的风险较低；1≤RQ<10，表示目标化合物对水生生物为中等风险；RQ≥10，表示目标化合物对水生生物的风险高（Liu et al.，2020）。同时，风险商法中目标化合物的暴露水平和毒性效应参考值均较为保守，因此风险商法是对目标化合物进行粗略的评估，存在许多不确定性，如生物对化合物的利用、种群内个体的暴露差异、生态系统中物种敏感性慢性毒性效应等不确定因素。因而，风险商法常在低水平的、粗略的风险评估中使用，或者用于多层次风险评估中较低层级的评估（罗莹等，2018）。

（2）概率法（probabilistic ecological risk assessment，PERA）

概率风险评估（PERA）是多层次风险评估中较高层次的风险评估方式（罗莹等，2018；Jin et al.，2014）。目前，概率风险评估是被广泛应用的风险评估方法，是在传统生态风险评估的基础上发展起来的（雷炳莉等，2009）。为了更加接近客观事实，它采用概率的方式表达可能存在的风险。概率风险评估中，每一个暴露浓度和毒性数据都作为独立的观测值，考虑其概率统计意义。

概率生态风险评估中，暴露评估和效应评估是重要的评估内容。暴露评估通常采用标准技术检测或预测目标化合物的暴露浓度。效应评估中常用物种敏感度分布法（species sensitivity distribution，SSD）估算物种受影响时的目标化合物浓度。该方法是利用概率分布函数拟合污染物的毒理学数据建立其物种敏感性分布曲线，依据不同的保护程度或风险水平获取曲线上不同百分点所对应的浓度值作为基准值，即危害浓度（hazardous concentration，HC）。危害浓度用于表示一定比例的生物受危害影响时对应的毒物浓度，例如，HC_{10}表示导致10%的物种受危害影响的毒物浓度值（Brain et al.，2006）。暴露浓度和物种敏感度都被认为来自概率分布的随机变量，二者结合产生了风险概率。运用概率风险分析方法，考虑环境暴露浓度和毒性值的不确定性，是一种更直观、合理和非保守的估算风险的方法。概率风险评估法包括安全阈值法和联合概率分布曲线法（joint probability distribution curve，JPDC）（刘娜，2016）。

① 安全阈值法。既然传统的风险商表征的风险是一个确定的值，而不是一个具有统计意义的概率值，所以该方法表征的风险值不足以说明某种毒物的存在对生物群落或整个生态系统水平的危害程度及其风险大小。因此，需要选择代表食物链关系的不同物种来表示群落水平的生物效应，从而对化合物的生态安全进行评价（雷炳莉等，2009）。为保护生态系统内生物免受化合物的不利影响，通常利用外推法来预测化合物对于生物群落的安全阈值。通过比较化合物暴露浓度和生物群落的

安全阈值，即可达到表征化合物的生态风险大小的目的。安全阈值是物种敏感度或毒性数据累积分布曲线上10%处的浓度与环境暴露浓度累积分布曲线上90%处的浓度之间的比值，用于量化暴露分布和毒性分布的重叠程度（Solomon et al.，1996）。比值小于1表示化合物对水生生物群落有潜在风险，大于1表明两分布曲线无重叠，无风险。通过比较暴露分布曲线和物种敏感度分布曲线可以直观地估计某一化合物影响某一特定比例水生生物的概率（雷炳莉等，2009）。

② 联合概率分布曲线法。联合概率分布曲线法是通过分析暴露浓度与毒性数据的概率分布曲线，考察化合物对生物的毒害程度，从而确定化合物对生态系统的风险（Liu et al.，2016）。以毒性数据的累积函数和化合物暴露浓度的反累积函数作图，可以确定化合物的联合概率分布曲线，该曲线反映了各损害水平下暴露浓度超过相应临界浓度值的概率，体现了暴露状况和暴露风险之间的关系（Liu et al.，2016；Liu et al.，2020）。概率分布曲线法是利用从物种子集得到的危害浓度来预测对生态系统的风险，一般用作最大环境许可浓度的值是 HC_5（hazardous concentration for 5% species affected）或 EC_{20}（20% of effect concentration）。这种方法将风险评估的结论以连续分布曲线的形式给出，不仅使风险管理者可以根据受影响的物种比例来确定保护水平，而且充分考虑了环境暴露浓度和毒性值的不确定性和可变性，目前已出现了多种概率曲线评价形式，如商值概率分布法、概率曲线重叠法、概率曲线边界法等（雷炳莉等，2009）。

（3）多层次风险评估法

随着生态风险评估的发展，逐渐形成了一种多层次的评价方法，即连续应用低层次的筛选到高层次的风险评估。它是把风险商和概率风险评估法进行综合，充分利用各种方法和手段进行从简单到复杂的风险评估（雷炳莉等，2009；USEPA，1999）。多层次评价过程的特征是以一个保守的假设开始，逐步过渡到更接近现实的估计。低层次的筛选水平评价可以快速地为以后的工作排出优先次序，其评价结果通常比较保守，预测的浓度往往高于实际环境中的浓度水平。如果筛选水平的评价结果显示有不可接受的高风险，就进入更高层次的评价。更高层次的评价需要更多的数据与资料信息，使用更复杂的评价方法或手段，目的是力图接近实际的环境条件，从而进一步确认筛选评价过程所预测的风险是否仍然存在以及风险大小。它一般包括初步筛选风险、进一步确认风险、精确估计风险及其不确定性、进一步对风险进行有效性研究4个层次（USEPA，1999）。目前已有部分尝试性研究，例如，2005年Weeks等（2005）提出有关化合物的生态风险"层叠式"评价框架，并为大多数环境学家所认同和接受。2007年，Critto

等（2007）基于层叠式生态风险评估框架，开发了环境污染生态风险评估决策支持专家系统（DSS-ERAMNIA）。

6.2.4 不确定性分析

在生态风险评估过程中，由于目前数据资料信息有限，不确定性是不可避免的（Liu et al., 2016）。影响因素主要包括毒性数据的缺乏与地表水生态系统的相关性，化合物在河流和湖泊中浓度水平的时空变化，以及风险评价模型的选择等（Liu et al., 2016）。

首先，由于试验周期较长，可能无法获取充足的毒性数据值，如果需要对目标化合物进行更加合理的精确定量风险评估，需要收集更多物种的敏感毒性数据（Liu et al., 2016）。此外，考虑到物种的地理分布与生物多样性，有关所收集的参数能否完全代表研究区域真实的生物物种用于推导预测无效应浓度目前尚且存在争议（Hose et al., 2004）。Jin 等（2011）认为本地物种与非本地物种推导的 SSD 没有显著差异（$P<0.05$），但仍有学者认为需要应用当地调查的物种毒性数据来更加真实地评估化学品对本地物种的毒性。因此，为了对本地物种提供充足的保护，可以用评价因子（assessment factor, AF）降低使用非本地物种推导水质基准带来的不确定性（Jin et al., 2015）。

其次，目标化合物的暴露评估具有不确定性。目标化合物在流域中的浓度随着季节与径流量的变化而变化，最高浓度发生在洪水期，枯水期的浓度相对较低，平水期浓度最低（陆蓓蓓，2013）。由于目标污染物的暴露浓度可能会来自不同文献，其时空分布具有一定的影响，因此，目标化合物暴露水平的不确定性不可避免。

最后，生态风险评估过程中，用于构建敏感度分布曲线的方法较多（Wang et al., 2015），各方法之间的区别在于选择不同的数据分析模型，如对数正态分布（log-normal）、对数逻辑斯谛（log-logistic）、波尔Ⅲ模型（Burr Ⅲ）（Jin et al., 2011；Jin et al., 2012）。目前大部分研究采用线性的对数正态分布方法，此外，还有一部分研究采用基于对数逻辑斯谛的非参数方法，如自助抽样法和自助抽样回归法。由于数据的随机性以及评价过程和模型选择所造成的误差，风险评价结果具有一定的不确定性。然而，对于哪种方法最适用于风险评价，目前尚没有统一的认识。但是，有学者的研究结果显示（Wheeled et al., 2002），毒理数据的选择对 HC_5 的影响大于用于推导阈值所选择的统计学方法。

综上所述，如果能充分考虑各生物在生态系统结构和功能中的作用，则化合物对种群、生物群落以及生态系统影响的生态风险评估将会更加准确（Liu et al., 2016）。

6.3 典型精神活性物质的生态风险评估

近年来,环境中新污染物逐渐成为人们关注的热点。其中,精神活性物质也是一类新污染物(张艳等,2017),对人体健康、社会秩序和国家利益造成严重影响,同时此类污染物具有难挥发、不易被生物降解、生物活性较强等特点,进入环境水体后必然会导致生态风险的增加和环境负担的加重(张艳等,2016)。

根据《2018年世界毒品报告》,国际上多个国家和地区的毒品制造、贩卖和滥用的情况不容乐观,每年滥用量高达数千吨(邓洋慧等,2020)。随着生产和使用量的增加,精神活性物质持续不断地进入环境(尤其是水环境)中。尽管浓度水平较低,但由于精神活性物质具有"伪持久性",其对水生生物造成的环境危害不容小觑。研究表明,甲基苯丙胺(METH)、苯丙胺(AMP)、摇头丸(MDMA)、氯胺酮(KET)、可卡因(COC)、美沙酮(MTD)、海洛因(HER)和麻黄碱(EPH)等精神活性物质在地表水中均有较高的检出率,浓度水平从几纳克/升到几百纳克/升之间(邓洋慧等,2020)。精神活性物质不仅会影响人类的中枢神经系统以及内脏器官,研究表明,水环境中的精神活性物质对水生生物同样具有毒性效应。研究表明,环境浓度(0.004μmol/L)的甲基苯丙胺(METH)和氯胺酮(KET)的混合物可以明显延缓青鳉鱼(*Oryzias latipes*)胚胎孵化时间,改变幼鱼的游泳行为。此外,可卡因(COC)能够影响斑马鱼(*Danio rerio*)的视网膜。吗啡(MOR)会对淡水贻贝的免疫系统造成危害,降低细胞酶活性,减少吞噬细胞的数量(罗莹,2018)。因此,近年来,越来越多的研究者开始关注精神活性物质的生态风险评估。

6.3.1 国内外精神活性物质的生态风险评估

6.3.1.1 国内精神活性物质的生态风险评估

本课题组利用风险商法对北京市地表水及地下水中精神活性物质进行生态风险评估(Zhang et al.,2017;张艳等,2016)。如表6-1所示,研究表明北京市城市河流中4种精神活性物质的风险较低,RQ值均小于0.1,说明其对水生生物不会造成较大的威胁。

表 6-1　北京市城市河流中 4 种精神活性物质的风险商值

分析物	EC_{50}/(mg/L)			选定值	AF	PNEC /(mg/L)	RQ	参考文献
	鱼类	蚤类	藻类					
AMP	28.80	2.22	3.80	2.22	1000	2.22×10^{-3}	0~0.005	Lilius et al.,1994
METH	20.51	2.51	1.97	1.97	1000	1.97×10^{-3}	0.001~0.047	ECOSAR 计算所得
KET	8.34	1.13	0.72	0.72	1000	7.20×10^{-4}	0~0.017	ECOSAR 计算所得
EPH	56.00	3.62	3.91	3.62	1000	3.62×10^{-3}	0~0.019	Sanderson et al.,2004

胡鹏等（Hu et al.，2019）检测了北京市北运河中 8 种精神活性物质的浓度，并采用风险商法进行生态风险评估（表 6-2）。结果表明，8 种精神活性物质的 RQ 值范围为 0~0.047，均小于 0.1，表明北运河地表水环境中精神活性物质对水生生物造成的风险较低。

表 6-2　北京市北运河中 8 种精神活性物质的风险商值

分析物	EC_{50}/(mg/L)			选定值	AF	PNEC /(mg/L)	RQ	参考文献
	鱼类	蚤类	藻类					
AMP	28.80	2.22	3.80	2.22	1000	2.22×10^{-3}	0~0.005	Lilius et al.,1994
METH	20.51	2.51	1.97	1.97	1000	1.97×10^{-3}	0.001~0.047	ECOSAR 计算所得
KET	8.34	1.13	0.72	0.72	1000	7.20×10^{-4}	0~0.017	ECOSAR 计算所得
EPH	56.00	3.62	3.91	3.62	1000	3.62×10^{-3}	0~0.019	Sanderson et al.,2004
COC	45.09	5.48	4.35	4.35	1000	4.35×10^{-3}	0~0.012	ECOSAR 计算所得
MTD	2.24	0.34	0.17	0.17	1000	1.70×10^{-4}	0~0.037	ECOSAR 计算所得
MOR	382.64	39.28	43.56	39.28	1000	3.93×10^{-2}	0	ECOSAR 计算所得
COD	171.79	18.83	18.36	18.36	1000	1.84×10^{-2}	0	ECOSAR 计算所得

邓洋慧等（2020）利用风险商法对太湖中 13 种精神活性物质进行风险评估，其中苯甲酰牙子碱（BE）和去甲氯胺酮（NK）未检出，结果如表 6-3 所示。结果显示，11 种精神活性物质在太湖流域中的风险商值都小于 0.1，表明太湖中精神活性物质的生态风险较低，但是精神活性物质对水生生态系统和水生生物的长期和综合潜在风险值得关注。

表 6-3　太湖流域中精神活性物质的风险商值

目标物	EC_{50}/(mg/L)	PNEC/(mg/L)	环境中最大浓度/(ng/L)	RQ	参考文献
EPH	3.6(水蚤)	3.6×10^{-3}	43.2	1.2×10^{-2}	Lilius et al.,1994
AMP	2.2(水蚤)	2.2×10^{-3}	1.9	8.5×10^{-4}	Sanderson et al.,2004

续表

目标物	EC_{50}/(mg/L)	PNEC/(mg/L)	环境中最大浓度/(ng/L)	RQ	参考文献
METH	2.0(藻类)	2.0×10^{-3}	36.0	1.8×10^{-2}	ECOSAR 计算所得
MC	4.0(藻类)	4.0×10^{-3}	0.3	7.6×10^{-5}	ECOSAR 计算所得
MDA	4.6(藻类)	4.6×10^{-3}	14.5	3.2×10^{-3}	ECOSAR 计算所得
KET	0.7(藻类)	7.0×10^{-3}	4.3	6.0×10^{-3}	ECOSAR 计算所得
COC	4.4(藻类)	4.4×10^{-3}	1.1	2.6×10^{-4}	ECOSAR 计算所得
MET	0.2(藻类)	1.7×10^{-4}	0.7	4.1×10^{-3}	ECOSAR 计算所得
MDMA	2.7(藻类)	2.7×10^{-3}	0.4	1.4×10^{-4}	ECOSAR 计算所得
HER	9.7(藻类)	9.7×10^{-3}	4.9	5.1×10^{-4}	ECOSAR 计算所得
COD	18.36(藻类)	1.84×10^{-2}	2.2	1.2×10^{-4}	ECOSAR 计算所得

6.3.1.2 国外精神活性物质的生态风险评估

Cunha 等（2019）通过文献检索出 7 种精神活性物质在地表水、地下水和污水等不同水体中的浓度，毒性数据基于文献检索、ECOTOX 数据库及 ECOSAR（Ecological Structure Activity Relationships, ECOSAR）软件计算的结果，利用风险商法进行生态风险评估，如表 6-4 所示。结果表明，地表水中除西酞普兰（RQ=11.692）和地西泮（RQ=6.25）的风险商值较高外，其余精神活性物质在不同水体中的风险商值都小于 1，表明某些精神活性物质对水生生物具有较高的生态风险。

表 6-4 不同水体中精神活性物质的风险商值

药物中文名	PNEC/(μg/L)	RQ(地表水)	RQ(地下水)
阿普唑仑	18	0.328	<0.001
溴西泮	17.4	0.001	—
西酞普兰	8	11.692	0.215
氯硝西泮	576.9	—	—
安定（地西泮）	0.1	6.25	0.351
氯羟去甲安定	10.7	0.066	0.005
去甲羟基安定	10.5	0.133	0.020

6.3.2 氯胺酮的水生态风险评估

精神活性物质具有较强的极性，随污水处理厂排放的废水进入水环境后，不易沉积或吸附在沉积物和底泥中,导致水环境中出现种类繁多的精神活性物质。其中,氯胺酮是我国水环境中检出率较高的精神活性物质之一(胡鹏等,2017),地表水中的浓度水平可达几百纳克/升,如高雄市丹水河流域中浓度范围从未检出到341ng/L之间(Lin et al.,2010)。

大量研究表明,地表水体中的精神活性物质会对水生生物产生不利影响。例如,研究发现,斑马鱼(*Danio rerio*)对氯胺酮具有行为和生理学敏感性(Riehl et al.,2011),不仅如此,氯胺酮还对斑马鱼(*Danio rerio*)胚胎(Felix et al.,2014)和非洲爪蟾(*Xenopus laevis*)(Guo et al.,2016)具有致畸作用,并能显著影响秀丽隐杆线虫(*Caenorhabditis elegans*)的摄食、运动、味觉和嗅觉等行为和功能(Wang et al.,2019)。由于氯胺酮会对水生生物的行为以及生理方面造成不利影响,分析和评估氯胺酮的潜在生态风险对保护自然水体中的水生生物至关重要。

(1)暴露评估

我国地表水河流中氯胺酮的平均浓度约为0.04~50ng/L之间(Li et al.,2016;张艳等,2016;Lin et al.,2010),湖泊中氯胺酮浓度从未检出到12.6ng/L之间,其中滇池、太湖、东湖的浓度较高,分别为12.6ng/L、4.3ng/L和4.1ng/L。经过比较发现,我国北方河流中氯胺酮平均浓度普遍略低于英国某些河流中氯胺酮平均浓度(6.96ng/L)(Kasprzyk-Hordern et al.,2007),而南方某些河流和湖泊中氯胺酮平均浓度高于英国和捷克共和国的某些河流中的氯胺酮浓度(Fedorova et al.,2014),如表6-5所示。

表6-5 不同国家地表水中氯胺酮的污染水平

国家	水体名称	平均浓度/(ng/L)	最低浓度/(ng/L)	最高浓度/(ng/L)	参考文献
中国	松花江	0.04	未检出	0.1	Li et al.,2016
	黄河	0.1	未检出	0.4	Li et al.,2016
	长江	2.57	1.8	3.7	Li et al.,2016
	珠江	15.6	9.9	21.7	Li et al.,2016
	北京市某河流	2.92	1.02	16.34	张艳等,2016
	高雄市丹水河	50	未检出	341	Lin et al.,2010
	北方某湖泊	0.2	未检出	4.0	Li et al.,2016
	南方某湖泊	1.2	未检出	12.6	Li et al.,2016
英国	某纳污河流	6.96	0.2	53.7	Kasprzyk-Hordern et al.,2007
捷克共和国	某纳污河流	0.81	未检出	1.4	Fedorova et al.,2014

(2) 毒性效应评估

目前,针对精神活性物质对水生生物毒性效应的研究较少,收集国内外期刊发表的论文中关于氯胺酮对水生生物的毒性浓度,如表 6-6 所示。基于死亡为测试终点,收集到大型蚤、斑马鱼和非洲爪蟾的急性毒性数据,其效应浓度范围为 0.01~500mg/L(Felix et al.,2014;Guo et al.,2016;罗莹,2018);基于生长、繁殖及生物化学和分子生物学等为测试终点,收集到水生植物、浮游动物和鱼类的慢性毒性数据,效应浓度范围为 0.01~200mg/L(Riehl et al.,2011;Guo et al.,2016;罗莹,2018)。研究表明,在以水生生物个体死亡为测试终点的条件下,氯胺酮对水生生物的生长、繁殖等慢性影响高于急性影响,尤其是对脊椎动物具有显著的神经毒性。

表 6-6 氯胺酮对不同水生生物在不同测试终点的毒性值

受试生物	暴露时间/d	测试终点	毒性效应	效应浓度/(mg/L)	参考文献
斑马鱼	4	LOEC	致死	200	Felix et al.,2014
非洲爪蟾	—	EC_{50}	致死	500	Guo et al.,2016
斑马鱼	6	LOEC	生长	200	Felix et al.,2014
斑马鱼	14	NOEC	行为	2	Riehl et al.,2011
斑马鱼	14	LOEC	皮质醇	20	Riehl et al.,2011
青鳉鱼	14	NOEC	繁殖	0.01	罗莹,2018
大型蚤	21	NOEC	生存	0.01	罗莹,2018
大型蚤	21	NOEC	繁殖	0.1	罗莹,2018
大型蚤	21	LOEC	致死	0.1	罗莹,2018
非洲爪蟾	14	LOEC	生长	125	Guo et al.,2016
紫背浮萍	4	NOEC	生长	0.05	罗莹,2018

注:NOEC 表示无观察效应浓度(no observed effect concentration);LOEC 表示最低可见效应浓度(lowest observed effect concentration);EC_{50} 表示半最大效应浓度(concentration for 50% of maximal effect)。

基于收集的水生生物毒性数据,满足使用物种敏感度分布法(SSD)推导 5% 物种受到危害时的目标物浓度(hazardous concentration for 5% species affected,HC_5)的要求,采用 SSD 推导 HC_5,以不同生物毒性数据的对数浓度值为横坐标,以累积概率为纵坐标作图。其中累积概率是将所有已筛选物种的最终毒性值按从小到大的顺序进行排列,并且给其分配等级 R,最小的最终毒性值的等级为 1,最大的最终毒性值等级为 N,依次排列,计算方法如式(6-1)所示(梁霞等,2015):

$$P=R/N+1 \qquad (6-1)$$

式中 P——累积概率,%;

R——物种排序的等级；

N——物种的个数。

如果有两个或者两个以上物种的毒性值相等，则将其任意排成连续的等级，计算每个物种的最终毒性值的累积概率。该研究采用荷兰国家公共卫生与环境研究院（National Institute for Public Health and the Environment，RIVM）开发的ETX 2.0（Van-Vlaardingen et al.，2004）推导基于50%置信度的HC_5（Liu et al.，2016）。

考虑非本地物种数据、物种种类以及野外实际暴露等影响因素，最终预测无效应浓度值（PNEC）为 PNEC＝HC_5/AF，AF取5（Zhou et al.，2019）。通过Kolmogorov-Smirnov检验分析，数据均符合对数正态分布。基于慢性毒性数据构建SSD曲线，相关参数如表6-7所示。氯胺酮对水生生物的慢性毒性的HC_5为5mg/L。本研究以繁殖和生长等为测试终点的慢性毒性数据推导出的PNEC值（AF＝5）为 1 mg/L。

表6-7 基于慢性毒性测试终点构建氯胺酮的SSD曲线的相关参数

测试终点	样本量	平均值/(mg/L)	标准偏差	K-S检验P值	HC_5/(mg/L)	PNEC/(mg/L)
生长、繁殖等（慢性）	8	43.41	71.55	0.7634	5(0.435～22.949)	1

（3）生态风险评估

基于不同受体测试终点毒性数据值，我国地表水中氯胺酮的平均浓度和最高浓度与慢性毒性数据，采用风险商法对我国地表水中平均浓度和最高浓度的氯胺酮分别进行风险评估，推导预测无效应浓度值，计算得出风险商值，结果分别如图6-1和图6-2所示。

我国各流域中氯胺酮基于慢性毒性的风险商值均小于0.1，各流域中平均浓度水平及最高浓度水平的氯胺酮对水生生物的风险均较小。根据我国流域中氯胺酮的分布情况，南方流域中氯胺酮的风险商值明显高于北方流域，表明环境中氯胺酮的浓度与经济、人口密度有密不可分的关系。此外，与国外地表水中氯胺酮对水生生物的风险相比，英国流域中氯胺酮风险商值（RQ＝5.37×10^{-5}）普遍高于我国流域，捷克共和国流域中氯胺酮的风险商值（RQ＝1.4×10^{-6}）则普遍低于我国流域。

风险商法推导过程简单，易操作，然而在风险评价中存在很多的不确定性，不能有效说明生态毒性效应发生的概率。因而，风险商法适用于低水平的风险评价，

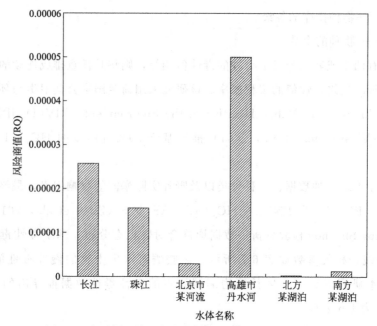

图 6-1 我国各区域地表水中氯胺酮平均浓度的风险商值

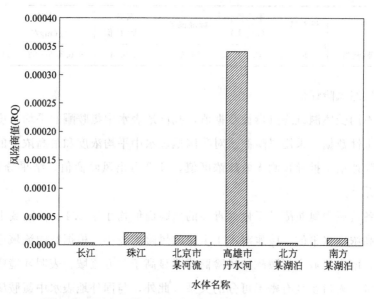

图 6-2 我国各区域地表水中氯胺酮最高浓度的风险商值

或者多层次风险评价中较低层次的风险评价(Liu et al., 2020),因此我国地表水中氯胺酮带来的潜在生态风险需要进一步深入研究。

(4) 不确定性分析

生态风险评估过程中,包括低层次和高层次生态风险评估,不确定性是必然存

在的 (Jin et al.,2014)。包括氯胺酮在内的精神活性物质生态风险评估中产生不确定性的因素主要包括：自然水体中氯胺酮等精神活性物质实际浓度的变化、环境中氯胺酮等精神活性物质的时空分布、毒性数据的生态关联性以及风险表征模型的使用等。因此，建议从以下几个方面开展研究工作，以减少生态风险评估过程中的不确定性。首先，由于精神活性物质自身物理或化学性质存在差异，水体等环境介质中精神活性物质的污染水平分布不尽相同，且与地域、季节和社会环境相关（张艳等，2016；Li et al.，2016），全面了解我国水环境中精神活性物质的分布，需要开展全国范围的监测。其次，考虑毒性效应种类对评估产生的不确定性，研究表明精神活性物质对水生生物具有敏感的神经毒性，因而对水生生物毒性进行研究时，应搜集整理相关慢性毒性数据（Felix et al.，2014；Guo et al.，2016）。同时，本地物种与外来物种的不同也是造成不确定性的原因，为了减小不确定性，研究所用的效应评估数据最好为本地物种的慢性毒性数据。慢性毒性数据（如NOEC）被优先用于生态风险评估中的效应评估，然而由于完成慢性毒性试验需要较高的成本和较长的时间，慢性毒性的实验数据通常比较缺乏，尤其是在特定区域的风险评估中缺乏本地物种的毒性数据。因此，为了获得更准确可靠的风险评估结果，需要开展特定区域本地水生物种的慢性毒性测试方法研究，以便获取更多的本地物种的慢性毒性数据。最后，生态风险评估过程中，数据分析模型的选择也会影响 SSD 曲线的构建，例如对数正态分布 (log-normal)、对数逻辑斯谛 (log-logistic)、波尔Ⅲ模型 (BurrⅢ) 等。数据的随机性、评估过程和数据分析模型的选择所产生的误差，导致风险评估结果具有一定的不确定性，因此数据分析模型的选择也至关重要 (Jin et al.,2011)。

参考文献

陈辉，刘劲松，曹宇，等，2006.生态风险评价研究进展 [J].生态学报，26 (5)：1558-1566.

邓洋慧，郭昌胜，殷行行，等，2020.太湖入湖河流中精神活性物质污染特征与生态风险 [J].生态毒理学报，15 (1)：119-130.

胡鹏，张艳，郭昌胜，等，2017.水环境中滥用药物的环境学研究进展 [J].环境化学，36 (8)：1711-1723.

雷炳莉，黄圣彪，王子健，2009.生态风险评价理论和方法 [J].化学进展，21 (2-3)：350-358.

梁霞，周军英，李建宏，等，2015.物种敏感度分布法（SSD）在农药水质基准推导中的应用 [J].生态与农村环境学报，31 (3)：398-405.

林海转，余翔翔，孙肖沨，2017.区域环境风险综合评价研究进展 [J].资源节约与环保，4：68-72.

刘斌, 冀巍, 丁长春, 2013. 生态风险评价研究综述 [J]. 科技创新与应用, 12: 100-101.

刘娜, 金小伟, 王业耀, 等, 2016. 生态毒理数据筛查与评价准则研究 [J]. 生态毒理学报, 11 (3): 1-10.

刘娜, 2016. 典型PPCPs繁殖毒性效应与水生态风险评估 [D]. 北京: 中国地质大学.

刘杨华, 敖红光, 冯玉杰, 等, 2011. 环境风险评价研究进展 [J]. 环境科学与管理, 36 (08): 159-163.

龙涛, 邓绍波, 吴运金, 等, 2015. 生态风险评价框架进展研究 [J]. 生态与农村环境学报, 31 (6): 822-830.

卢宏玮, 曾光明, 谢更新, 等, 2003. 洞庭湖流域区域生态风险评价 [J]. 生态学报, 23 (12): 2520-2530.

陆蓓蓓, 2013. 合肥市水源与饮用水中增塑剂污染调查和健康风险评价 [D]. 安徽: 安徽医科大学.

吕培辰, 李舒, 马宗伟, 等, 2018. 中国环境风险评价体系的完善: 来自美国的经验和启示 [J]. 环境监控与预警, 10 (02): 1-5.

罗莹, 刘娜, 金小伟, 等, 2018. 我国地表水中磷酸三苯酯的多层次生态风险评估 [J]. 生态毒理学报, 13 (5): 87-96.

罗莹, 2018. 典型新型污染物水生态风险评估研究 [D]. 保定: 河北大学.

毛小苓, 刘阳生, 2003. 国内外环境风险评价研究进展 [J]. 应用基础与工程科学学报, 11 (3): 266-273.

史志诚, 2005. 生态毒理学概率 [M]. 北京: 高等教育出版社.

王俭, 路冰, 李璇, 等, 2017. 环境风险评价研究进展 [J]. 环境保护与循环经济, 37 (12): 33-38.

王炜蔚, 2007. 环境风险评价研究进展 [J]. 科教文汇, 7: 205.

王香兰, 周军英, 单正军, 等, 2012. 国内外农药水生生物基准研究概况 [J]. 农药, 51 (11): 785-813.

王晓峰, 2012. 生态风险评价及研究进展 [J]. 环境研究与监测, 1: 61-63.

夏彬, 2018. 我国生态环境损害赔偿制度之完善 [D]. 武汉: 武汉大学.

闫振广, 王伟莉, 周俊丽, 等, 2015. 水生植物高毒性污染物的筛选及在中国地表水中的生态风险评估 [C]//中国毒理学会第七次全国毒理学大会暨第八届湖北科技论坛论文集. 中国毒理学会, 湖北省科学技术协会.

阳文锐, 王如松, 黄锦楼, 等, 2007. 生态风险评价及研究进展 [J]. 应用生态报, 18 (8): 1869-1876.

殷浩文, 1995. 水环境生态风险评价程序 [J]. 上海环境科学, 14 (11): 11-14.

曾建军, 邹明亮, 郭建军, 等, 2017. 生态风险评价研究进展综述 [J]. 环境监测管理与技术, 29 (1): 1-6.

张艳, 张婷婷, 郭昌胜, 等, 2016. 北京市城市河流中精神活性物质的污染水平及环境风险 [J]. 环境科学研究, 29 (6): 845-853.

张艳, 张婷婷, 郭昌胜, 等, 2017. 北京市水环境中精神活性物质污染特征 [J]. 环境科学, 38

(7): 2819-2827.

郑超, 程胜高, 2017. 突发事故环境风险评价研究进展分析与展望 [J]. 环境与发展, 29 (4): 47-49.

朱艳景, 张彦, 高思, 等, 2015. 生态风险评价方法学研究进展与评价模型选择 [J]. 城市环境与城市生态, 28 (1): 17-21.

Barnthouse L W, Suter G W, Rosen A E, 1998. Inferring population-level significance from individual-level effects: An extrapolation from fisheries science to ecotoxicology [J]. Aquatic Toxicology and Environmental Fates, 11: 289-300.

Barnthouse L W, Suter G W, Rosen A E, et al., 1987. Estimating responded of fish populations toxic contaminants [J]. Environmental Toxicology and Chemistry, 6 (10): 811-824.

Brain R A, Sanderson H, Sibley P K, et al., 2006. Probabilistic ecological hazard assessment: Evaluating pharmaceutical effects on aquatic higher plants as an example [J]. Ecotoxicology and Environmental Safety, 64 (2): 128-135.

Cleveland C B, Mayes M A, Cryer S A, 2001. An ecological risk assessment for spinosad use on cotton [J]. Pest Management Science, 58 (1): 70-84.

Committee for Medicinal Products for Veterinary Use, 2004. Guideline on environmental impact assessment for veterinary medicinal products phase II: CVMP/VICH/790/03-FINAL. London: European Medicines Agency Veterinary Medicines and Inspections.

Critto A, Torresan S, Semenzin E, et al., 2007. Development of a site-specific ecological risk assessment for contaminated sites: Part I. A multi-criteria based system for the selection of ecotoxicological tests and ecological observations [J]. Science of the Total Environment, 379 (1): 16-33.

Cunha D L, Mendes M P, Marques M, 2019. Environmental risk assessment of psychoactive drugs in the aquatic environment [J]. Environmental Science and Pollution Research, 26 (1): 78-90.

European Chemicals Bureau, 2002. Technical guidance document on risk assessment: In support of Commission Directive 93/67/EEC on Risk Assessment for new notified substances, Commission Regulation (EC) No. 1488/94 on Risk Assessment for existing substances, Directive 98/8/EC of the European Parliament and of the Council concerning the placing of biocidal products on the market, Part II. Ispra: European Commission Joint Research Center.

Fedorova G, Randak T, Golovko O, 2014. A passive sampling method for detecting analgesics, psycholeptics, antidepressants and illicit drugs in aquatic environments in the Czech Republic [J]. Science of the Total Environment, 487: 681-687.

Felix L M, Antunes L M, Coimbra A M, 2014. Ketamine NMDA receptor-independent toxicity during zebrafish (Danio rerio) embryonic development [J]. Neurotoxicology and Teratology, 41: 27-34.

Guo R, Liu G, Du M, et al., 2016. Early ketamine exposure results in cardiac enlargement and heart dysfunction in Xenopus embryos [J]. BMC Anesthesiology, 16 (1): 1-8.

Hayes K R, 2002. Identifying hazards in complex ecological systems, part 1: fault-tree analysis for biological invasion [J]. Biological Invasions, 4 (3): 235-249.

Hose G C, Brink P J V D, 2004. Confirming the species-sensitivity distribution concept for endosulfan using laboratory, mesocosm, and field data [J]. Archives of Environmental Contamination and Toxicology, 47 (4): 511-520.

Hu P, Guo C, Zhang Y, et al., 2019. Occurrence, distribution and risk assessment of abused drugs and their metabolites in a typical urban river in North China [J]. Frontiers of Environmental Science and Engineering, 13 (4): 1-11.

Jin X, Wang Y, Wang Z, et al., 2014. Ecological risk of nonylphenol in China surface waters based on reproductive fitness [J]. Environmental Science & Technology, 48 (2), 1256-1262.

Jin X, Wang Z, Giesy J, et al., 2015. Do water quality criteria based on nonnative species provide appropriate protection for native species? [J]. Environmental Toxicology and Chemistry, 34 (8): 1793-1798.

Jin X, Zha J, Wang Z, et al., 2012. A tiered ecological risk assessment of three chlorophenols in Chinese surface waters [J]. Environmental Science and Pollution Research, 19: 1544-1554.

Jin X, Zha J, Xu Y, et al., 2011. Derivation of aquatic predicted no-effect concentration (PNEC) for 2,4-dichlorophenol: Comparing native species data with non-native species data [J]. Chemosphere, 84 (10): 1506-1511.

Kasprzyk-Hordern, Dinsdale R M, Guwy A J, 2007. Multiresidue method for the determination of basic/neutral pharmaceuticals and illicit drugs in surface water by solid-phase extraction and ultra performance liquid chromatography-positive electrospray ionisation tandem mass spectrometry [J]. Journal of Chromatography A, 1161 (1-2): 132-145.

Li K, Du P, Xu Z, et al., 2016. Occurrence of illicit drugs in surface waters in China [J]. Environmental Pollution, 213: 395-402.

Liao P, Hwang C, Chen C, et al., 2015. Developmental exposures to waterborne abused drugs alter physiological function and larval locomotion in early life stages of medaka fish [J]. Aquatic Toxicology, 165: 84-92.

Lilius H, Isomaa B, Holmstrom T, et al., 1994. A comparison of the toxicity of 50 reference chemicals to freshly isolated rainbow trout hepatocytes and Daphnia magna [J]. Aquatic Toxicology, 30 (1): 47-60.

Lin A Y C, Wang X, Lin C, 2010. Impact of wastewaters and hospital effluents on the occurrence of controlled substances in surface waters [J]. Chemosphere, 81 (5): 562-570.

Liu N, Jin X, Wu F, et al., 2020. Ecological risk assessment of fifty Pharmaceuticals and Personal Care Products (PPCPs) in Chinese surface waters: A proposed multiple-level system [J]. Environment International, 136: 1-11.

Liu N, Wang Y, Jin, et al., 2016. Probabilistic assessment of risks of diethylhexyl phthalate (DEHP) in surface waters of China on reproduction of fish [J]. Environmental Pollution, 213:

482-488.

National Institute of Public Health and the Environment, 2001. Guidance document on deriving environmental risk limits in the Netherland. Bilthoven: RIVM.

Organization for Economic Co-operation and Development, 1998. OECD Principles of good laboratory practice. Paris: OECD.

Parkhurst D F, 1998. Peer reviewed: Arithmetic versus geometric means for environmental concentration data [J]. Environmental Science & Technology, 32 (3): 92-98.

Riehl R, Kyzar E, Allain A, et al., 2011. Behavioral and physiological effects of acute ketamine exposure in adult zebrafish [J]. Neurotoxicology and Teratology, 33 (6): 658-667.

Rossi D, Beltrami M, 1998. Sediment ecological risk assessment: in situ and laboratory toxicity testing of lake Orta sediments [J]. Chemosphere, 37 (14-15): 2885-2894.

Sanderson H, Johnson D J, Reitsma T, et al., 2004. Ranking and prioritization of environmental risks of pharmaceuticals in surface waters [J]. Regulatory Toxicology and Pharmacology, 39 (2): 158-183.

Solomon K R, Baker D B, Richards R P, et al., 1996. Ecological risk assessment of atrazine in North American surface waters [J]. Environmental Toxicology and Chemistry, 15 (1): 31-76.

Suter I G W, Norton S B, Barnthouse L W, 2003. The evolution of frameworks for ecological risk assessment from the Red Book Ancestor [J]. Human and Ecological Risk Assessment: An International Journal, 9 (5): 1349-1360.

Suter G W, Vaughan D S, Gardner R H, 1983. Risk assessment by analysis of extrapolation error, a demonstration for effects of pollutants on fish [J]. Environmental Toxicology and Chemistry, 2 (3): 69-78.

United States Environmental Protection Agency, 1984. Guidelines for deriving numerical aquatic site specific water quality criteria by modifying National Criteria: EPA-600/3-84-099. Washington D C: USEPA.

United States Environmental Protection Agency, 1986. Guidelines for carcinogen risk assessment: EPA/630/R-00/004. Washington D C: USEPA.

United States Environmental Protection Agency, 1998. Guidelines for ecological risk assessment: EPA/630/R-95/002F. Washington D C: USEPA.

United States Environmental Protection Agency, 1999. Ecological committee on FIFRA risk assessment methods: Report of the aquatic workgroup. Washington D C: USEPA.

United States Environmental Protection Agency, 2011. Evaluation guidelines for ecological toxicity data in the open literature. Washington D C: USEPA.

Van-Vlaardingen P L A, Traas T P, Wintersen A M, et al., 2004. ETX 2.0. A program to calculate hazardous concentrations and fraction affected, based on normally distributed toxicity Data [R]. Bilthoven: National Institute for Public Health and the Environment.

Wang Y, Zhang L, Meng F, et al., 2015. Improvement on species sensitivity distribution methods for deriving site-specific water quality criteria [J]. Environmental Science and Pollution Research, 22 (7): 5271-5282.

Wang Z, Xu Z, Li X, et al., 2019. Impacts of methamphetamine and ketamine on C. elegans physiological functions at environmentally revelant concentrations and eco-risk assessment in surface waters [J]. Journal of Hazardous Materials, 363: 268-276.

Weeks J M, Comber S D W, 2005. Ecological risk assessment of contaminated soil [J]. Mineralogical Magazine, 69 (5): 601-613.

Wheeled J R, Grist E P M, Leung K M Y, et al., 2002. Species sensitivity distributions: data and model choice [J]. Marine Pollution Bulletin, 45: 192-202.

Zhang Y, Zhang T, Guo C, et al., 2017. Drugs of abuse and their metabolites in the urban rivers of Beijing, China: Occurrence, distribution, and potential environmental risk [J]. Science of the Total Environment, 579: 305-313.

Zhou S, Paolo C D, Wu X, et al., 2019. Optimization of screening-level risk assessment and priority selection of emerging pollutants-The case of pharmaceuticals in European surface waters [J]. Environment International, 128: 1-10.